AF388430

Robert Sturm

Historische Wasserkraftanlagen in den Vereinigten Staaten von Amerika

Ein Führer durch die Anfänge der amerikanischen Hydroelektrizitätswirtschaft

disserta Verlag

Sturm, Robert: Historische Wasserkraftanlagen in den Vereinigten Staaten von Amerika. Ein Führer durch die Anfänge der amerikanischen Hydroelektrizitätswirtschaft, Hamburg, disserta Verlag, 2019

Buch-ISBN: 978-3-95935-509-4
PDF-eBook-ISBN: 978-3-95935-510-0
Druck/Herstellung: disserta Verlag, Hamburg, 2019
Covermotiv: Historische Aufnahme des Edward-Dean-Adams-Kraftwerks
(Quelle: https://commons.wikimedia.org/w/index.php?curid=3287807)

Bibliografische Information der Deutschen Nationalbibliothek:
Die Deutsche Nationalbibliothek verzeichnet diese Publikation in der Deutschen Nationalbibliografie; detaillierte bibliografische Daten sind im Internet über http://dnb.d-nb.de abrufbar.

© disserta Verlag, Imprint der Bedey Media GmbH
Hermannstal 119k, 22119 Hamburg
http://www.disserta-verlag.de, Hamburg 2019
Printed in Germany

Vorwort

Die Wasserkraft gilt heute neben Sonnenenergie und Windkraft als wichtigster regenerativer Energieträger. Die Hochkulturen Asiens und Nordafrikas vermochten bereits vor etlichen Jahrtausenden die Dynamik des fließenden Wassers mithilfe von Schaufelrädern zu nutzen. Diese mechanischen Apparate halfen den Menschen bei der Bewässerung der Felder und beim Zermahlen des geernteten Korns. Im Mittelalter wurde der Anwendungsbereich der Wassermühlen durch die Etablierung von Schlag-, Walz- und Drahtziehwerken noch deutlich erweitert. An eine Verstromung der Hydroenergie konnte erst ab dem letzten Drittel des 19. Jh. gedacht werden, nachdem Turbine und Generator einen wirtschaftlich nutzbaren Entwicklungsstand erreicht hatten.

In den Vereinigten Staaten von Amerika blickt die Hydroelektrizität mittlerweile auf eine etwa 135-jährige Geschichte zurück. Dies ist Anlass genug, um einen Rückblick auf Geschichte und Bedeutung der Wasserkraft im Land der unbegrenzten Möglichkeiten zu tätigen. Wie in den nachfolgenden Kapiteln noch ausführlich dargelegt werden soll, lässt sich die US-amerikanische Elektrizitätswirtschaft in mehrere Phasen einteilen: Einer Frühphase (1890-1950) mit der Verstromung von Wasserkraft und fossilen Energieträgern folgt eine mittlere Phase (1950-2000) mit der Etablierung der Kernkraft neben den schon bestehenden Energieproduzenten. Eine dritte Phase (2000-) sieht wiederum eine vermehrte Abkehr von der Kernkraft und einen signifikanten Ausbau der regenerativen Energieträger vor. Diese Phase wird wahrscheinlich die nächsten 30 Jahre bis zur Realisierung der Kernfusion als Stromlieferant andauern. Das Hauptaugenmerk der Monografie soll auf die Anfänge der US-amerikanischen Hydroelektrizitätswirtschaft und auf die technischen Pionierleistungen in dieser frühen Zeit gelegt werden. Anhand zahlreicher Beispiele alter Kraftwerke soll gezeigt werden, welch enorme Entwicklungsdynamik hinter der Energiewirtschaft der Vereinigten Staaten an der Wende vom 19. zum 20. Jh. stand. – **R. Sturm** –

Inhaltsverzeichnis

Kapitel 4

Kapitel 1

Grundzüge der US-amerikanischen
Hydroelektrizitätswirtschaft

Kapitel 1
Grundzüge der US-amerikanischen Hydroelektrizitätswirtschaft

1.1 Einige einleitende Betrachtungen und Begriffserklärung

Die Wasserkraft oder Hydroenergie zählt zu den regenerativen Energieträgern. Grundsätzlich bezeichnet der Begriff die Umsetzung der in fließenden oder stehenden Gewässern gespeicherten Energie (kinetische beziehungsweise potenzielle Energie) in mechanische Arbeit. Für diesen Umwandlungsprozess gelangt die sogenannte Wasserkraftmaschine zum Einsatz. Bis zum Beginn des vorigen Jahrhunderts wurde die Wasserkraft in der Hauptsache zum Antrieb von Schaufelrädern genutzt, welche ihrerseits wiederum verschiedene Mühlwerke (Getreide-, Säge-, Hammer-, Walzmühle usw.) in Gang setzten. Mit der am Ende des 19. Jh. einsetzenden Elektrifizierung von Fabriken und Haushalten wurde das zumeist aus Holz gefertigte Schaufelrad durch die wesentlich effizientere Metallturbine ersetzt. Diese wurde in weiterer Folge mit einem Generator zur Stromerzeugung nach dem physikalischen Prinzip der Induktion verbunden – das moderne Wasserkraftwerk erblickte das Licht der Welt. Im Jahre 2016 betrug der Anteil der Hydroenergie an der weltweiten Stromproduktion 16,60 %, wodurch sich dieser Energieträger hinter Kohle und Erdgas (noch vor der Kernenergie) an dritter Stelle platzierte.[1]

Die technische Nutzung der Wasserkraft basiert im Wesentlichen auf mehreren Energieumwandlungsprozessen (Abb. 1). Die im natürlichen Kreislauf des Wassers enthaltenen Vorgänge der Verdunstung, des atmosphärischen Transports und des Niederschlags bewirken, dass große Wassermengen weit über dem Meeresspiegel gespeichert und demzufolge mit potenzieller Energie (= Lageenergie) versehen werden. Auf dem Wege

---

[1] Renewable Energy Policy Network for the 21st Century (REN), Renewables 2017: Global Status Report, REN21 Secretariat, Paris 2017, 33 f.

der Fließgewässer kehrt das Wasser jedoch wieder zu seinem ursprünglichen Höhenniveau zurück. Aus physikalischer Sicht verursacht die Schwerkraft eine Beschleunigung des Wasserkörpers, wodurch ein Teil der ursprünglichen Lageenergie in kinetische Energie (= Bewegungsenergie) transformiert wird. Diese dynamische Energieform wird in den Wasserkraftanlagen mithilfe der Turbinen in Rotationsenergie umgewandelt, welche ihrerseits durch die Generatoren eine Transformation in elektrische Energie erfährt. All diesen Prozessen liegen sehr einfache und leicht verständliche physikalische Prinzipien zugrunde.[2]

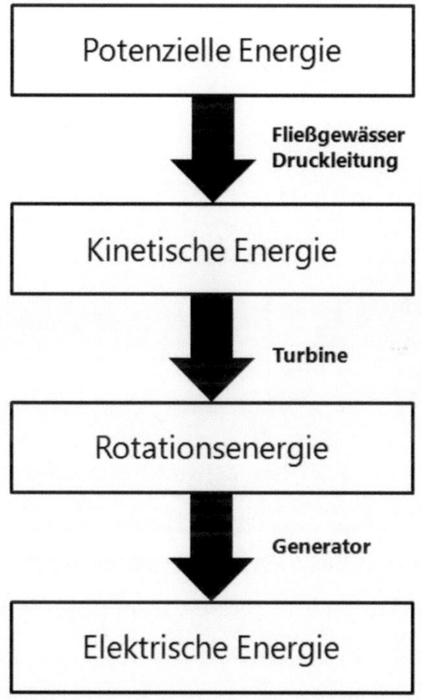

Abb. 1

Energieumwandlungsprozesse im Zuge der technischen Nutzung der Wasserkraft.

---

[2] R. Sturm, Geschichte der Hydroelektrizität im Raum Salzburg, disserta Verlag, Hamburg 2018, 12-14.

Wenn man sich die Funktionsweise eines Wasserkraftwerks etwas näher vor Augen führt, besteht zunächst die Notwendigkeit, Wasser auf hohem potenziellen Niveau in einem Stauraum zurückzuhalten. Mit dieser Maßnahme, welche durch eine Stauanlage zur Realisierung gelangt, wird ein dauerhafter Betrieb des Energieproduzenten garantiert. Das im Stauraum gespeicherte Wasser wird über ein Leitungs- oder Schachtsystem an die Turbine herangeführt und erhält im Zuge dessen eine gewisse Bewegungsenergie. Nach Vollzug der oben geschilderten Energieumwandlungsprozesse wird der erhaltene elektrische Strom in ein Mittel- oder Hochspannungsnetz eingespeist. Zu diesem Zweck ist an das Wasserkraftwerk zumeist noch ein Umspannwerk (Transformatorstation) angegliedert (Abb. 2).[3]

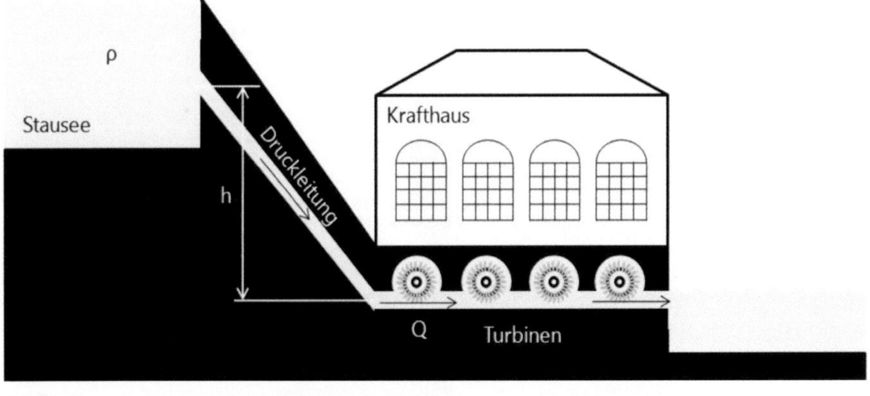

Abb. 2

Aufbau eines Wasserkraftwerks und wichtige physikalische Größen.

Grundsätzlich können Laufwasserkraftwerke von Speicherkraftwerken unterschieden werden. Der erste Typus ist durch eine nur sehr begrenzte Einflussnahme auf das Volumen des aufgestauten Wassers gekennzeichnet und wird deshalb zur Deckung der Grundlast in einem Stromnetz herangezogen. Laufwasserkraftwerke sind in der Regel direkt an einem flie-

---

[3]   Sturm, Geschichte der Hydroelektrizität (Anm. 2), 16-22.

ßenden Gewässer positioniert, wo anhand eines Wehrsystems eine Staustufe gebildet wird, die dem dahinter befindlichen Wasserkörper ein gewisses Maß an potenzieller Energie zuführt. Bei Speicherkraftwerken sind Energiespeicher in Form von Seen oder Teichen vorhanden, deren Wasserstände einer künstlichen Regulierung unterzogen werden können. Für gewöhnlich handelt es sich bei den Wasserkörpern um Stauseen, die mithilfe von Staumauern oder -dämmen geformt wurden. Derartige hydroelektrische Anlagen sind in der Lage, ihre Leistung an den effektiven Bedarf im Stromnetz anzupassen, weshalb sie in erster Linie zur Deckung der Spitzenlast dienen. Als besondere Formen gelten sogenannte Pumpspeicherkraftwerke, die ihre zu Schwachlastzeiten vorhandene, überschüssige Energie dazu nutzen, zusätzliches Wasser in ein spezielles Speicherbecken zu pumpen. In Phasen der Spitzenlast wird das empor beförderte Wasser wieder zur Stromerzeugung genutzt, wodurch sich der Energiekreislauf schließt.[4]

Weitere Typen von hydroelektrischen Anlagen, welche eine untergeordnete Rolle spielen, umfassen das Kavernen-, Gezeiten-, Wellen-, Strömungs-, Meeresströmungs-, Gletscher- und Wasserleitungskraftwerk. Beim Kavernenkraftwerk dienen künstlich geschaffene Hohlräume als Wasserspeicher oder als Standorte für einzelne strukturelle Komponenten, wodurch sich dieser Typus zumeist sehr unauffällig in das Landschaftsbild einzufügen vermag. Das Gezeitenkraftwerk nutzt den zwischen Ebbe und Flut bestehenden Tidenhub als Energiebasis und verfügt überall dort über nennenswerte Effizienz, wo der Höhenunterschied zwischen den Gezeiten besonders groß ist. Beim Wellenkraftwerk wird nicht die Energie des Tidenhubs, sondern jene der kontinuierlichen Meereswellen ausgenutzt. Dieses Konzept erscheint insbesondere bei Wellenhöhen von mehreren Metern durchaus plausibel. Die Strömungskraftwerke nutzen direkt die kinetische Energie von Fluss- oder Meeresströmungen, ohne dabei auf irgendwelche Staumaßnahmen zurückzugreifen. Beim Gletscherkraftwerk gelangt das Schmelzwasser eines Gletschersees zur

---

[4] Sturm, Geschichte der Hydroelektrizität (Anm. 2), 12-22.

Verwendung, welches über Rohrleitungen zum Krafthaus befördert wird. Das Wasserleitungskraftwerk schließlich stellt eine spezielle Bauform des Laufwasserkraftwerks dar und dient neben der Energiegewinnung zur Druckreduktion in Hauptwasserleitungen.[5]

Die von einem Wasserkraftwerk erbrachte Leistung P hängt unter anderem von der Durchflussrate Q (m³/s), der hydraulischen Fallhöhe h (m), der Erdbeschleunigung g (9,81 m/s²) und der Dichte des Wassers ρ (1.000 kg/m³) ab und gehorcht folgender Formel (Abb. 2):

$$P = Q \cdot h \cdot g \cdot \rho \cdot \eta. \tag{1}$$

Der ebenfalls in obiger Gleichung auftretende gesamte Wirkungsgrad η stellt das Produkt der jeweiligen Wirkungsgrade des Zulaufs, der Turbine, des Getriebes, des elektrischen Generators und des Maschinentransformators dar. Um Glg. (1) noch merkbar zu simplifizieren, erfolgt eine Zusammenfassung der konstanten Faktoren g, ρ und η zu einer neuen Konstanten der Form

$$K_1 = g \cdot \rho \cdot \eta. \tag{2}$$

Nimmt man einen Gesamtwirkungsgrad von 0,85 (85 %) und eine Erdbeschleunigung von rund 10 m/s² an, so ergibt sich für diese Konstante ein Wert von 8.500 N/m³ oder 8,5 kN/m³. Die Formel für die Leistung des Wasserkraftwerks reduziert sich nun auf

$$P = Q \cdot h \cdot K_1. \tag{3}$$

Betrachtet man beispielsweise eine hydraulische Fallhöhe von 12 m und eine Flussrate durch einen einzelnen Turbinenschacht von 50 m³/s, erhält man laut obiger Gleichung eine Leistung von 5.100 kW oder 5,1 MW.[6]

Unter dem optimalen Wirkungsgrad versteht man im Allgemeinen jenen Gesamtwirkungsgrad, welcher sich beim sogenannten Ausbaudurchfluss Q_A erzielen lässt und gemäß Glg. (3) zu einer maximalen Leistung (= Aus-

---

[5]   Sturm, Geschichte der Hydroelektrizität (Anm. 2), 12-22; ergänzend: J. Giesecke, E. Mosonyi, Wasserkraftanlagen – Planung, Bau und Betrieb, Springer Verlag, Heidelberg 2003.

[6]   O. Ellabban, H. Abu-Rub, F. Blaabjerg, Renewable Energy Resources: Current Status, Future Prospects and Their Enabling Technology, in: Renewable and Sustainable Energy Reviews 39 (2014), 751.

bauleistung) der betrachteten hydroelektrischen Anlage führt. Um die Ausbauleistung eruieren zu können, ist zunächst die Definition des Ausbaugrades f_A zu tätigen, welche sich für Laufwasser- und Speicherkraftwerke unterschiedlich darstellt. Im Falle des Laufwasserkraftwerks erhält man hier den Ausdruck

$$f_A = Q_A \,/\, MQ, \tag{4}$$

wobei Q_A den bereits erwähnten Ausbaudurchfluss und MQ den sogenannten Mittelwasserdurchfluss repräsentieren. Da beide Größen die gleiche physikalische Einheit besitzen, stellt sich der Ausbaugrad als dimensionsloser Parameter dar. Im Falle des Speicherkraftwerks berechnet sich der Ausbaugrad nach der Formel

$$f_A = V_{SP} \,/\, V_{ZU}, \tag{5}$$

in welcher V_{SP} dem Speichervolumen des Stausees, V_{ZU} hingegen der Jahreswasserfracht der Zuflüsse entspricht. Grundsätzlich wählt man für Grundlastkraftwerke, die sich durch hohe Abgabesicherheit bei vergleichsweise niedrigen Kosten auszeichnen, einen eher geringen Ausbaugrad (f_A niedrig). Bei Spitzenlastkraftwerken erfolgt hingegen zumeist die Wahl eines hohen Ausbaugrades (f_A hoch), was in der Regel mit deutlich steigenden Investitionen Hand in Hand geht.[7]

Die installierte Leistung wird oftmals als Merkmal zur Klassifizierung von Wasserkraftwerken herangezogen. Demnach zeichnen sich kleine hydroelektrische Anlagen durch Leistungswerte < 1 MW aus, während mittelgroße Anlage entsprechende Werte zwischen 1 und 100 MW besitzen. Bei Großwasserkraftanlagen schließlich liegt eine Leistung > 100 MW vor.[8]

Für die Kategorisierung von Wasserkraftwerken spielen freilich neben der Leistung auch noch andere Faktoren eine essenzielle Rolle, unter welchen die Auslastung, Topografie und Betriebsweise besonders hervorzuheben sind. In den technischen Wissenschaften werden hydroelektrische Anlagen häufig nach dem Nutzgefälle bewertet und in Nieder-, Mittel- und Hochdruckkraftwerke eingeteilt. Niederdruckkraftwerke verfügen über eine hydraulische Fallhöhe von bis zu 15 m; sie dienen ausschließlich zur

---

[7] Giesecke, Mosonyi, Wasserkraftanlagen (Anm. 5), 99-145.

[8] Sturm, Geschichte der Hydroelektrizität (Anm. 2), 17.

Abdeckung der Grundlast und sind meistens mit Kaplan-Turbinen bestückt. Mitteldruckkraftwerke weisen hydraulische Fallhöhen von 25 bis 400 m auf und stehen zur Abdeckung von Grund- und Mittellast zur Verfügung. Als Wasserkraftmaschinen finden sowohl Kaplan- als auch Francis-Turbinen eine breite Verwendung. Bei Hochdruckkraftwerken übersteigt die hydraulische Fallhöhe 250 m. Diese Anlagen werden ausschließlich zur Abdeckung der Spitzenlast verwendet und entweder mit einer Francis- oder Pelton-Turbine betrieben.[9]

Obwohl die Wasserkraft gemeinsam mit Windkraft und Photovoltaik zu den erneuerbaren Energien zählt, birgt sie neben Vorteilen auch etliche Nachteile in sich. Das wohl wichtigste Argument für den Betrieb von hydroelektrischen Anlagen ist sicherlich die nicht vorhandene CO_2-Emission im direkten Betrieb, wodurch aus ökologischer Sicht eine saubere Form der Energieproduktion vorliegt. Speicherkraftwerke dienen vielerorts dem Hochwasserschutz, da sie in niederschlagsreichen Perioden Wasser zurückhalten und in dosierten Mengen abgeben können. Im Gegensatz zu den anderen erneuerbaren Energien stellt die Wasserkraft eine größtenteils von Wetter und Zeit unabhängige Ressource dar, welche auf zuverlässige Weise den Strombedarf abzudecken vermag.[10]

Die Nachteile der Hydroenergie lassen sich im Allgemeinen zwei Kategorien zuordnen. Aus ökologischer Sicht ist vor allem zu kritisieren, dass die Errichtung großer Kraftwerksanlagen zum Teil massive Beeinträchtigungen der Natur nach sich zieht. Durch Stauraumspülungen, welche zur Erhöhung des Stauraumvolumens durchgeführt werden, können größere ökologische Schäden (z. B. Verlust von submersen Lebensräumen) entstehen. Speicherkraftwerke bedeuten oftmals einen Eingriff in den Grundwasserhaushalt mit entsprechender Verunreinigung des unterirdischen Wasserkörpers und Absenkung oder Anhebung des Grundwasserspiegels. Dies kann wiederum nachteilige Folgen für die Trinkwasserwirtschaft haben. Aus kultureller Sicht kann die Anlage großer Stauseen zur Enteignung und Umsiedlung der Anrainer führen. Zudem besteht die Möglichkeit der Überstauung oder Zerstörung von Kulturgütern, welche sich im

---

[9]   Giesecke, Mosonyi, Wasserkraftanlagen (Anm. 5), 99-145.
[10]   Sturm, Geschichte der Hydroelektrizität (Anm. 2), 15-16.

Kraftwerksareal befinden und von dort nicht wegbefördert werden können.[11]

Wasserkraftwerke rückten vor allem in den vergangenen Jahrzehnten vermehrt in den Blickpunkt des öffentlichen Interesses. Dies hing weniger
mit ihrer Fähigkeit zur Verwertung erneuerbarer Energieträger, sondern
vielmehr mit ihren teils unvorstellbaren Dimensionen zusammen. Als
größte hydroelektrische Anlage der Welt gilt gegenwärtig der Drei-
Schluchten-Damm am Jangtsekiang in China; ihr folgt mit Itaipú Bina-
cional ein zwischen Paraguay und Brasilien gelegenes Kraftwerk, das sei
Ende der 1970er Jahre Strom liefert. Als größtes Objekt zur Nutzung von
Hydroenergie in den Vereinigten Staaten gilt der Grand-Coulee-Damm
im Bundesstaat Washington, wohingegen Cahora Bassa in Mosambik die
am größten dimensionierte Anlage ihrer Art auf dem afrikanischen Kontinent darstellt.[12]

In Europa sind Wasserkraftwerke in der Regel etwas kleiner dimensioniert,
da der Kontinent nicht über so mächtige Flusssysteme wie Amerika, Afri-
ka oder Asien verfügt. Das Kraftwerk Eisernes Tor 1 in Serbien repräsentiert die größte hydroelektrische Anlage Europas. In Österreich gelten die
Maltakraftwerke in Kärnten als leistungsstärkste Energieerzeuger ihrer
Art, während diese Rolle in der Schweiz der Anlage Lac des Dix, in Frank-
reich der Roselend-Talsperre und in Deutschland dem Pumpspeicherwerk
Goldisthal zukommt.[13]

---

[11] Sturm, Geschichte der Hydroelektrizität (Anm. 2), 15-16; ergänzend: Bundes-
ministerium für Umwelt, Naturschutz und Reaktorsicherheit (BMU), Erneuerbare
Energien – Innovationen für die Zukunft, BMU, Berlin 2009; J. Giesecke, G. Förster,
Ausbau der Wasserkraft, Arbeitsbericht Nr. 13 des Projektes Klimaverträgliche
Energieversorgung in Baden-Württemberg der Akademie für Technikfolgenab-
schätzung in Baden-Württemberg 1994; M. Hütte, Ökologie und Wasserbau:
Ökologische Grundlagen von Gewässerausbau und Wasserkraftnutzung, Parey,
München 2000; Ch. Jehle, Bau von Wasserkraftanlagen, VDE Verlag Müller, Heidel-
berg 2011; P. Jetzer, Die Wasserkraft weltweit, Carlsen Verlag, Hamburg 2009; G.
Küffner (Hrsg.), Von der Kraft des Wassers, Deutsche Verlags-Anstalt, München
2006; U. Maniak, Hydrologie und Wasserwirtschaft: Eine Einführung für Ingenieure, Springer-Verlag, Berlin 2010; B. Uhrmeister, N. Reiff, R. Falters, Rettet unsere
Flüsse – Kritische Gedanken zur Wasserkraft, Pollner Verlag, Oberschleißheim 1999.

[12] Sturm, Geschichte der Hydroelektrizität (Anm. 2), 48-50.

[13] Ebd., 48-50.

1.2 Zur Rolle der Wasserkraft in den Vereinigten Staaten

Wenn man einen genaueren Blick auf die gegenwärtige Situation der Hydroenergie in den Vereinigten Staaten wirft, so kann man zunächst feststellen, dass dieser Träger die größte erneuerbare Energiequelle des Landes repräsentiert. In Hinblick auf ihre nominale Kapazität reiht sich die Wasserkraft jedoch hinter der Windkraft an der zweiten Position ein.[14] Im Jahre 2015 betrug der Anteil der Hydroelektrizität an der gesamten aus erneuerbaren Energieträgern gewonnenen Elektrizität 35 %. Die Hydroenergie vermochte zudem 6,1 % zum Gesamtstrombedarf der Vereinigten Staaten beizutragen.[15]

Laut Internationaler Energieagentur (IEA) stellten die USA im Jahre 2008 nach China, Kanada und Brasilien den viertgrößten Produzenten von hydroelektrischer Energie dar. Die zum damaligen Zeitpunkt produzierte Kapazität belief sich auf knapp 255 TWh und machte damit 8,6 % der weltweit produzierten Hydroelektrizität aus.[16] Die Zahlen geben sehr klar zu erkennen, dass die Wasserkraft in den Vereinigten Staaten seit jeher einen gehobenen Stellenwert genießt und auch in zukünftigen Projekten zu den erneuerbaren Energien eine tragende Rolle spielt.

Die Hydroelektrizität ist in insgesamt 34 Bundesstaaten präsent, wobei die stärkste Konzentration von Wasserkraftanlagen im Becken des Columbia-Flusses im Bundesstaat Tennessee zu verzeichnen ist. Im Jahre 2012 wurden dort 44 % der gesamten nationalen Hydroelektrizität produziert.[17] Große Wasserkraftprojekte wie der Hoover-Damm, der Grand-Coulee-Damm oder die Tennessee Valley Authority avancierten in der Zwischenkriegszeit zu Prestigevorhaben, die noch heute zum Teil mythologisiert und in einem Atemzug mit der Erfolgsgeschichte des Landes genannt werden.

---

[14] https://en.wikipedia.org/wiki/Hydroelectric_power_in_the_United_States[5.1.2019]
[15] Ebd.
[16] Ebd.
[17] Ebd.

Im Bundesstaat Kalifornien werden zum gegenwärtigen Zeitpunkt keine hydroelektrischen Anlagen mit Kapazitäten über 30 MW betrieben. Dies hängt in erster Linie damit zusammen, dass man die Realisierung größerer Kraftwerke aus umweltpolitischen Gründen strikt ablehnt (siehe Kapitel 1.1). Kalifornien hat sich mit seinen sehr strengen Standards zum Angebot erneuerbarer Energien eine hohe ökologische Messlatte gesetzt, welche sicherlich als vorbildlich für die Vereinigten Staaten angesehen werden kann. Es ist jedoch auch darauf hinzuweisen, dass bislang noch etwa 15 % des kalifornischen Energiebedarfs aus Anlagen stammen, die den selbst gesetzten Standards nicht entsprechen.[18]

Wenn man sich in weiterer Folge die Statistik zur US-amerikanischen Hydroelektrizität etwas näher vor Augen führt und dabei zunächst die größten Wasserkraftwerke des Landes betrachtet, gelangt man auf Basis von Abb. 3/a zu einigen interessanten Resultaten. Demnach stellt der Grand-Coulee-Damm mit einer Totalkapazität von 6.809 MW die mit Abstand größte Anlage dar, welcher das Bath County-Pumpspeicherkraftwerk, der Chief Joseph-Damm, das Robert Moses Niagara Power Plant, der John Day-Damm, der Hoover-Damm und der Dalles-Damm auf den nächsten Plätzen folgen. Die Totalkapazitäten der nachgereihten hydroelektrischen Anlagen schwanken etwa zwischen 2.000 und 3.000 MW und sind damit um 56 bis 70 % niedriger als beim größten Objekt.[19]

Die von den US-amerikanischen Wasserkraftwerken produzierte Sommerkapazität unterlag von 2008 bis 2017 einem nahezu kontinuierlichen Anstieg. Nur im Jahre 2011 konnte der Grafik in Abb. 3/b zufolge eine leicht rückläufige Tendenz gemessen werden. In Zahlen ausgedrückt betrug die Sommerkapazität im Jahre 2008 noch 77,93 GW und im Jahre 2017 80,06 GW. Dies entspricht einem Zuwachs von immerhin 2,73 %.[20] Der geringfügige Einbruch an der Schwelle vom ersten zum zweiten Jahr-

---

[18] https://www.eia.gov/electricity/monthly [5. 1.2019}.
[19] Ebd.
[20] Ebd.

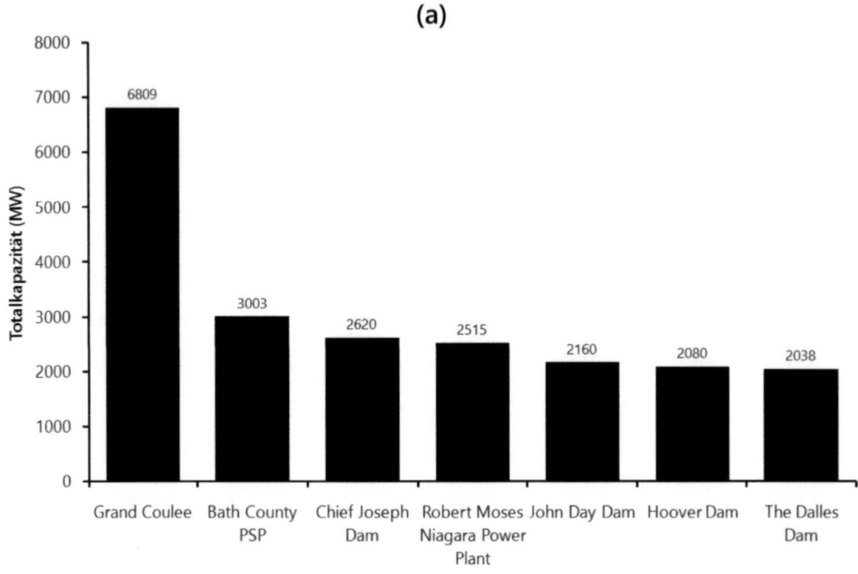

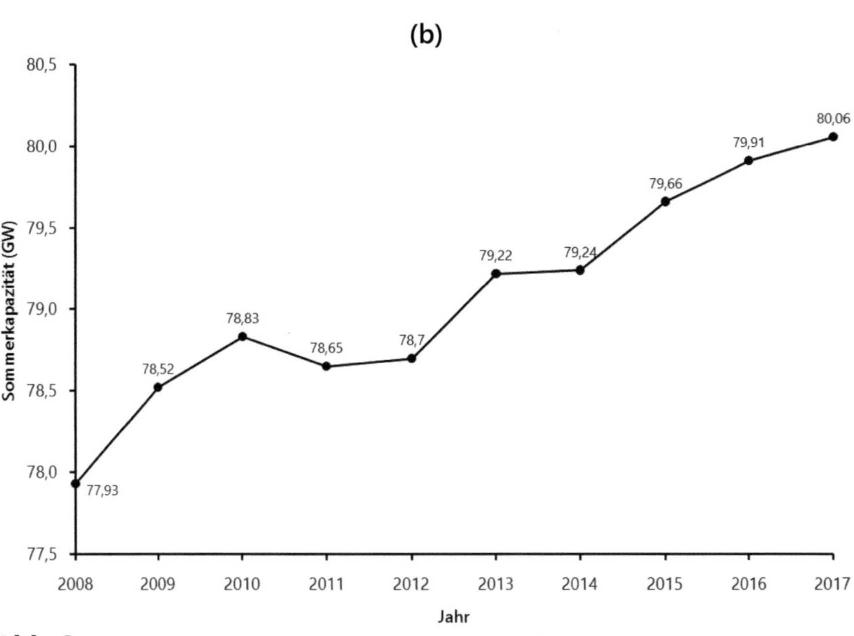

Abb. 3

Totalkapazität der sieben größten Analgen (a) und Sommerkapazität der hydroelektrischen Energieerzeugung in den Vereinigten Staaten (b).

zehnt der 2000er Jahre mag in erster Linie damit zusammenhängen, dass die Wasserkraftwerke im Winter und in den Übergangsjahreszeiten ihre Kapazitäten aufgrund erhöhten Stromverbrauchs in der Wirtschaft hochgefahren haben. Dafür spricht auch die in Abb. 4/a präsentierte Grafik, welche die Entwicklung der Jahresleistung im Zeitraum zwischen 2008 und 2017 beschreibt. Das dazugehörige Diagramm lässt zwar keinen eindeutigen Trend erkennen, zeigt aber einen Peak für das Jahr 2011 (319,36 TWh) und einen weiteren für das Jahr 2017 (300,05 TWh). In allen dazwischenliegenden Jahren nimmt die Jahresleistung stets Werte unter 280 TWh an. Hier wird ohne genauere Hinterfragung der Daten der Eindruck erweckt, dass die Jahre 2011 und 2017 besonders im Zeichen der Wasserkraft standen oder dass in diesen Jahren ein besonders hoher Bedarf an elektrischer Energie bestand.[21]

Der Kapazitätsfaktor beschreibt die Auslastung beziehungsweise Betriebsintensität einer hydroelektrischen Anlage. Nähert sich der Faktor dem Wert 1, so ist von einem Permanentbetrieb des Kraftwerks zur kontinuierlichen Deckung der Grundlast auszugehen. Nähert sich der Faktor hingegen dem Wert 0, spricht dies eher für eine sehr sporadische Nutzung der Anlagen, um eine weitgehende Abdeckung von Spitzenbedarfen zu erzielen. In den Vereinigten Staaten unterlag der Kapazitätsfaktor im Zeitraum zwischen 2008 und 2017 Schwankungen zwischen 0,377 und 0,464 (Abb. 4/b), wobei ein entsprechender Spitzenwert für das Jahr 2011 konstatiert werden kann. Damit finden die weiter oben getätigten Annahmen, wonach 2011 ein Rekordjahr des US-amerikanischen Stromverbrauchs darstellte, ihre zusätzliche Bestätigung. Prinzipiell ist jedoch auch anzumerken, dass die Wasserkraft noch einiges an energetischem Potenzial in sich birgt und möglicherweise eine entscheidende Rolle beim Ausstieg aus der Verstromung von fossilen Brennstoffen spielen könnte. Ein derartiges Szenario liegt in den Vereinigten Staaten freilich noch in weiter Ferne und dürfte nach heutigen Überlegungen nicht vor 2050 erfolgen.

---

[21]   https://www.eia.gov/electricity/monthly [5. 1. 2019]

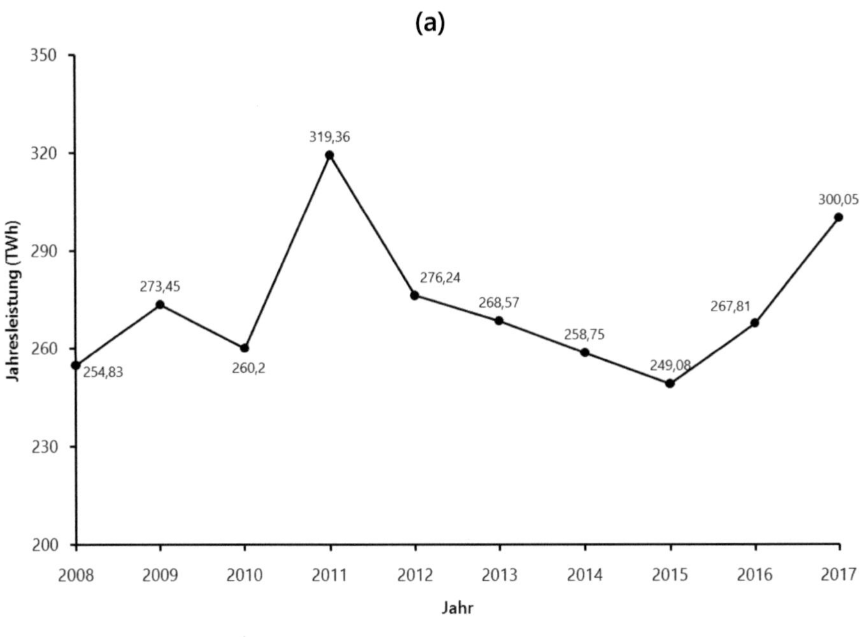

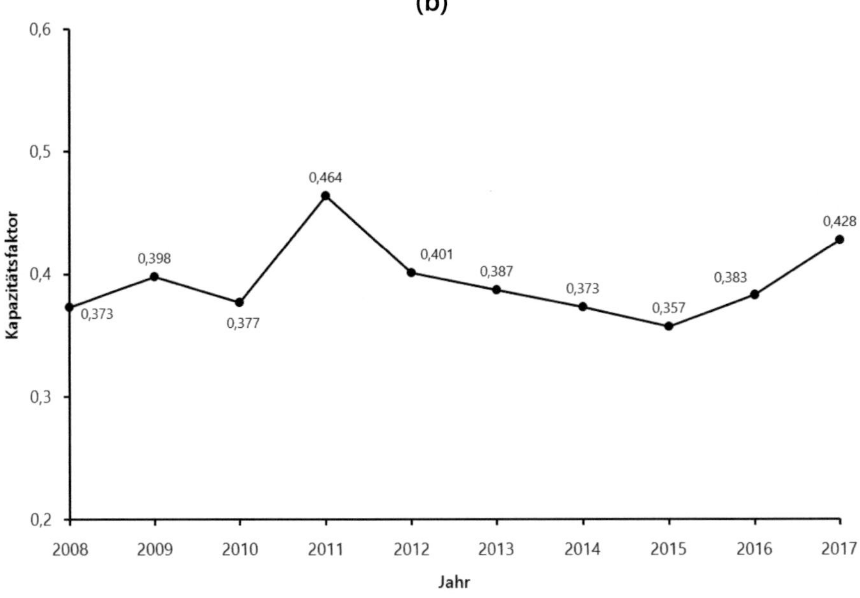

Abb. 4

Jahresleistung (a) und Kapazitätsfaktor (b) der hydroelektrischen Energieerzeugung in den Vereinigten Staaten.

Dies bedeutet jedoch keineswegs, dass man in Amerika nicht schon heute auf erneuerbare Energien setzt. Innerhalb dieser Energieträger verzeichnete die Wasserkraft im Zeitraum zwischen 2008 und 2017 eine stark rückläufige Entwicklung. Betrug der Anteil der Hydroenergie an den regenerativen Energieträgern im Jahre 2008 noch stattliche 66,9 %, so sank dieser Wert bis 2017 auf 43,7 % ab (Abb. 5/a).[22] Dieser Verlust von 23,2 Prozentpunkten deutet darauf hin, dass Photovoltaik und Windenergie innerhalb der betrachteten Dekade enorme Zuwächse verzeichnet haben müssen. Wie bereits eingangs dieses Kapitels kurz erwähnt wurde, hat sich die Windkraft hinsichtlich ihrer Bedeutung mittlerweile vor die Hydroenergie geschoben, was unter anderem auf die Errichtung zahlreicher Offshore-Windparks zurückgeführt werden kann, aber auch mit der explosionsartig angestiegenen Privatnutzung dieser Energieform im Zusammenhang stehen mag.

Obwohl die Wasserkraft innerhalb der regenerativen Energieträger an Bedeutung verloren hat, stellt sie eine nahezu konstante Größe in der gesamten Energiewirtschaft der Vereinigten Staaten dar. Der durch Hydroenergie abgedeckte Anteil an der US-amerikanischen Gesamtenergie belief sich im Jahre 2008 noch auf 6,19 % und erreichte 2011 mit 7,79 % ein Maximum. Nach einem kurzzeitigen Rückgang stieg dieser Faktor ab 2015 wieder stetig an und erreichte schließlich 2017 einen Wert von 7,47 % (Ab. 5/b).[23]

Zusammenfassend kann konstatiert werden, dass die Hydroenergie in den Vereinigten einen keineswegs vernachlässigbaren Status besitzt und vermutlich auch in den kommenden 50 Jahren eine tragende Rolle spielen wird. Der Energieträger verfügt den statistischen Daten zufolge über ein noch deutlich steigerbares Potenzial, was entweder durch Erhöhung der Auslastung oder den Bau neuer, umweltfreundlicher Anlagen erreicht werden kann. Hier sind freilich zukünftige Entwicklungen abzuwarten.

---

[22] https://www.eia.gov/electricity/monthly [5. 1. 2019]
[23] Ebd.

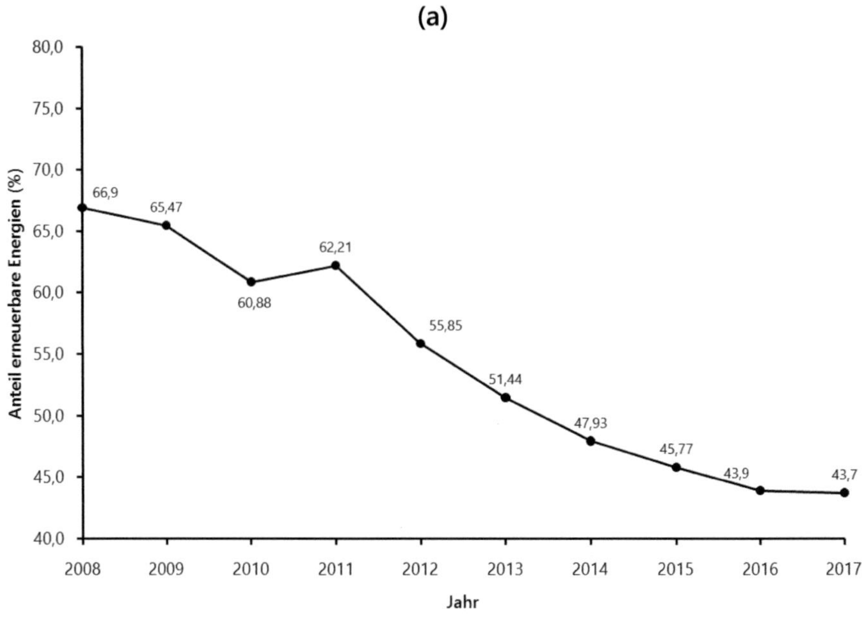

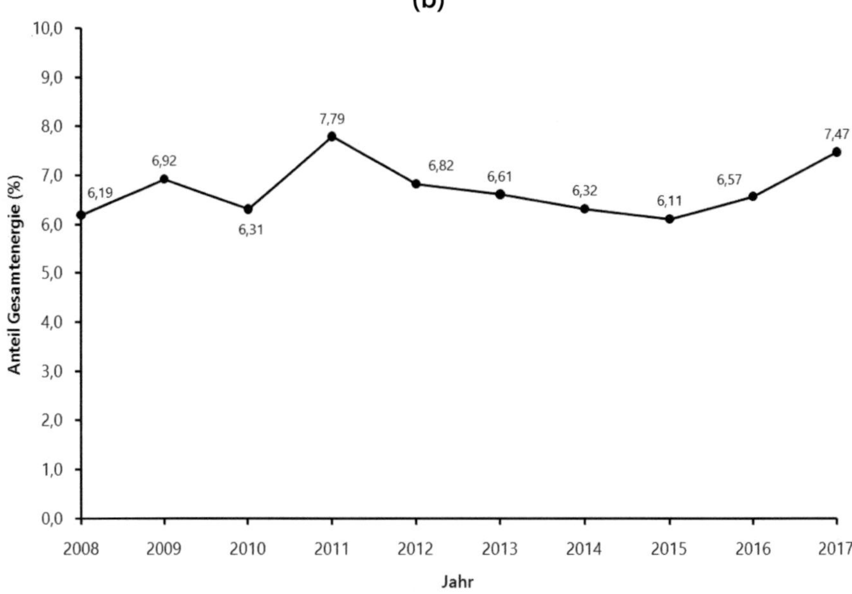

Abb. 5

Anteil der Hydroelektrizität an erneuerbaren Energien (a) und an der Gesamtenergie (b).

1.3 Ziele der vorliegenden Monografie

Das vorliegende Buch nimmt die aktuelle, im vorigen Abschnitt geschilderte Situation der Wasserkraft in den Vereinigten Staaten zum Anlass, um einen Überblick zur historischen Entwicklung dieses regenerativen Energieträgers im führenden Industrieland der westlichen Welt zu liefern. Das folgende Kapitel bietet zu diesem Zweck einen allgemeinen geschichtlichen Abriss, in dem bedeutende Eckpunkte der US-amerikanischen Industrialisierung auf dem Hydroenergiesektor zur Sprache kommen sollen.

Obwohl die Vereinigten Staaten nicht unbedingt als Vorreiter hinsichtlich der Verstromung von Wasserkraft galten, trugen sie letztendlich vieles zur Verbesserung dieser Technik bei. So wurde der Wechselstrom relativ bald als jene Elektrizitätsform erkannt, mit welcher die Energieversorgung und Motorisierung größerer Betriebe gelingen sollte. Diese Revolution der Elektrifizierung brachte es mit sich, dass in etlichen Wirtschaftssektoren wie Bergbau, Metallverarbeitung, Maschinenbau oder Textilgewerbe ein teils enormer ökonomischer Aufschwung einsetzte, der das Land Ende des 19. Jh. zu einem konkurrenzfähigen Industriestandort werden ließ. Im 20. Jh. setzte sich das Wirtschaftswachstum der Vereinigten Staaten unaufhaltsam fort, wobei Überproduktion auf der einen Seite und fehlende Absatzmärkte auf der anderen zu vereinzelten Zwischenphasen der Rezession führten.

Bis zum Zweiten Weltkrieg galt die Verstromung von Wasserkraft und fossilen Energieträgern als einzige Möglichkeit der Elektrizitätsproduktion. In der Nachkriegszeit löste die Kernenergie eine zweite Elektrifizierungsrevolution aus, welche jedoch gegenwärtig aufgrund massiver Sicherheitsbedenken wieder leicht im Abklingen ist. Inwieweit andere regenerative Energieträger wie Sonnenlicht, Windkraft oder Geothermie eine weitere Revolution der elektrischen Energieproduktion zu bewirken vermögen, hängt unter anderem von zwei wesentlichen Faktoren ab: Hier ist zum einen das Verhältnis von Kosten und Leistung und zum anderen die mögliche Etablierung der Kernfusion zu nennen, welche als jene Energieform mit dem größten Zukunftspotenzial gehandelt wird und im Falle ihrer Kommerzialisierung alle anderen Prozesse der Energieerzeugung weitgehend überflüssig machen würde.

Die Vereinigten Staaten stellten zwar keine Pioniere bezüglich der Verstromung von Wasserkraft dar, galten aber sehr wohl als Urheber des Langstreckentransports von elektrischer Energie. Durch den erstmaligen Bau von oberirdischen Hochspannungsleitungen, welche zwischen teils riesigen Metallträgern verliefen, gelang der Stromtransport vom Erzeuger zum über 100 km entfernten Verbraucher, wobei sich entsprechende Energieverluste in Grenzen hielten. Auch die direkte Nutzung des an Katarakten herabstürzenden Wasservolumens wurde erstmals durch US-amerikanische Ingenieure realisiert, wobei die Kraftwerke an den Willamette-, Snoqualmie- und Niagara-Fällen nahezu zeitgleich entstanden waren.

In Kapitel 3 wird die frühe US-amerikanische Hydroelektrizitätsgeschichte anhand ausgewählter Exempel von alten Kraftwerksanlagen aufgerollt. Insgesamt gelangen dabei 20 Werke, deren Entstehung in den Zeitraum zwischen 1880 und 1905 fällt, zur näheren Vorstellung. Dieser Abschnitt soll insbesondere vor Augen führen, dass man bereits zur damaligen Zeit zum Teil riesige Mühen und enorme finanzielle Mittel zur Umsetzung der Bauprojekte zu investieren hatte. Trotzdem sich das an der Wende vom 19. zum 20. Jh. zur Verfügung stehende technische Gerät für viele Arbeiten als ungeeignet erwies, ging man dennoch oftmals als Sieger über die Natur hervor und durchzog die Landschaft mit Kanälen und Staumauern. Die meisten der damals entstandenen Anlagen stehen noch heute in Betrieb und reflektieren damit eine gewisse Form der Zeitlosigkeit.

In Kapitel 4 soll eine Zusammenfassung der im Rahmen dieser Monografie gewonnenen Erkenntnisse geliefert werden. Zudem soll die zukünftige Rolle der Hydroenergie in den Vereinigten Staaten grob umrissen werden.

Kapitel 2

Geschichte der Hydroelektrizität in den Vereinigten Staaten

Kapitel 2
Geschichte der Hydroelektrizität in den Vereinigten Staaten

2.1 Wichtige Entwicklungen vor Etablierung der Wasserkraft

Als einer der ersten Meilensteine in der Entwicklung der Hydroelektrizität gilt zweifelsohne der Bau eines Permanentmagnetgenerators, welcher dem belgischen Ingenieur Francois Nollet im Jahre 1840 gelang. Zunächst war lediglich die Inbetriebnahme des Generators durch eine Gas- oder Dampfmaschine vorgesehen. Etwas später fasste man auch den Antrieb der Apparatur durch Wind oder Wasser ins Auge, womit ein wesentlicher Schritt in Richtung erneuerbare Energien getätigt wurde.[24]

Der oben genannte Entwicklungsprozess fand weniger als zehn Jahre nach Michael Faradays Demonstration des Prinzips der elektrischen Induktion statt und darf trotz seiner Spontaneität und Unauffälligkeit als wesentliche Grundlage für die Konzeption der hydroelektrischen Stromindustrie angesehen werden. Die Evolution der Wasserturbine war in den 1840er Jahren schon relativ weit vorangeschritten, wobei die an den Schaufelrädern stattfindende Energietransformation bereits mit Wirkungsgraden von ungefähr 75 % erfolgte.[25] Dieser Umstand ist wenig überraschend, wenn man auf die bereits zur damaligen Zeit bestandene, mehrere Jahrtausende während Tradition des Wasserrades mit all seinen Formveränderungen und Verbesserungen blickt.

Fairerweise muss man hier hinzufügen, dass der elektrische Generator im Jahre 1840 noch lediglich ein „Laborspielzeug" darstellte, dessen Weiterentwicklung und Fertigung in industriellem Ausmaß an dem noch sehr

---

[24] A. M. Turner, The Electrical Utilization of Water and Wind Power First Proposed by Nollet in 1840, in: Electrical World 4/19 (1892), 242.

[25] N. Smith, The Origins of the Water Turbine, in: Scientific American 1 (1980), 138-148; A. Stowers, Observations on the History of Water Power, in: Transactions of the Newcomen Society 30 (1955-57), 239-256.

geringen Interesse scheiterte, welches man seinem Erzeugnis, dem elektrischen Strom, entgegenbrachte. Bis zu diesem Zeitpunkt sah man Batterien als ausreichend für die Versorgung von größtenteils medizinischen und experimentellen Einrichtungen mit Elektrizität an. Durch die Erfindung des galvanoplastischen Drucks und des Galvanisierungsverfahrens im Allgemeinen entstand jedoch wenig später ein erhöhter Bedarf nach elektrischer Energie, den die Batterien nicht mehr abzudecken vermochten. Diese Forderung gab letztendlich den Ausschlag für die Entwicklung von stabileren und leistungsfähigeren Generatoren. Eine zusätzliche Befeuerung des angestoßenen Prozesses erfolgte durch die Einführung und den vermehrten Gebrauch des elektrischen Lichtbogens in der Mitte der 1850er Jahre.[26]

Die stetigen, an der Apparatur durchgeführten Verbesserungen fanden in immer kürzeren Zeitabständen statt. Sowohl die rotierenden Bestandteile des Generators als auch die Magneten wurden einer kontinuierlichen Umstrukturierung zum Zweck der Leistungssteigerung unterzogen. Die Permanentmagneten wurden dabei zunächst in Bezug auf Anzahl, Form und Anordnung verändert und in weiterer Folge durch wesentlich effizientere Elektromagneten ersetzt. Anstelle der relativ ineffektiven Spulenwindung traten innerhalb kurzer Zeit die Ring- und die Zylinderwindung.[27] All diese Entwicklungen hatten schlussendlich zur Folge, dass der elektrische Generator (Dynamo) an die Wasserturbine zur Erzeugung von elektrischem Strom gekoppelt werden konnte.

2.2 Anfänge der Hydroelektrizität in den Vereinigten Staaten

In der Mitte des Jahres 1882 widmete sich kein Geringerer als Thomas Alva Edison der Fertigstellung seines berühmten Dampfkraftwerks in der

---

[26] R. W. Shortridge, Some Early History of Hydroelectric Power, in: Hydro Review 6/88 (1988), 30.
[27] Turner, Electrical Utilization of Water (Anm. 24), 242.

Pearl Street in New York. Zeitgleich erwarb eine Gruppe von Mühlenbesitzern und Einwohnern der Stadt Appleton (Wisconsin) zwei Edison-Dynamos, welche genügend elektrische Leistung für die Inbetriebnahme von 500 Lampen liefern sollten. Einer dieser Dynamos wurde in einer Mühle der Appleton Pulp and Paper Company am Fox River installiert und durch dasselbe Wasserrad angetrieben, das auch für die Bewegung der Papierstampfe verantwortlich zeichnete. Vom Generator wurden einzelne Kabel zu den Elektrolampen in der Papiermühle und zu einem weiteren östlich gelegenen Betrieb verlegt. Zudem wurde der Wohnsitz des Mühleneigners mit elektrischem Strom versorgt (Abb. 6, 7).[28]

Nach einer kurzen Testphase wurde diese erste hydroelektrische Anlage am 30. September 1882 offiziell in Betrieb genommen. Dabei fehlten lediglich 26 Tage, um als erstes elektrisches Kraftwerk in Amerika überhaupt in die Annalen einzugehen. Thomas Alva Edison war nämlich die Eröffnung seines Dampfkraftwerkes bereits am 4. September desselben Jahres geglückt. Die doppelte Funktion des Wasserrades als Antrieb von Dynamo und Papierstampfe brachte mehrere Probleme mit sich. Durch die in hohem Maße variierende Auslastung der Stampfe blieb die Rotationsgeschwindigkeit des Antriebsrades keineswegs konstant, so dass auch die Umdrehungszahl des Dynamos entsprechenden Fluktuationen unterlag. Gelegentliche Produktionen einer Überspannung hatten unter anderem das Durchbrennen der Lampen zur Folge. Nach mehreren ungewollten Ausfällen der Beleuchtung ging man daran, ein eigenes Antriebssystem für den Dynamo zu bauen. Bis zum Ende des Jahres 1882 wurden drei Wohnhäuser, fünf oder sechs Mühlen und ein Hochofen mit jener aus dem primitiven Kraftwerk stammenden Elektrizität beleuchtet.[29]

Die Einfachheit der Anlage erklärte sich schon alleine daraus, dass weder Messgeräte noch geeignete Anzeigen oder Zähler vorhanden waren. Die vom Betriebsleiter vorgenommene Abschätzung der Ausgangsspannung

---

28 Shortridge, Some Early History of Hydroelectric Power (Anm. 26), 31.
29 Ebd., 31.

erfolgte durch einen Blick auf die im Krafthaus installierten Elektrolampen und die von ihnen emittierte Helligkeit. Es gab im gesamten System weder Sicherungen noch einen geeigneten Blitzschutz. Kurzschlüsse innerhalb der Verteilungskabel sorgten für häufige Zusammenbrüche der Anlage für eine Zeitdauer von einer Stunde oder einem Tag oder für so lange, wie die Lokalisation des Schadens in Anspruch nahm. Die Bezieher des elektrischen Stroms zahlten eine monatliche Gebühr von 1,20 US$ für das nächtliche Beleuchtungsservice oder 84 Cent für die abendliche Beleuchtung (Sonnenuntergang bis 22 Uhr). Die Lampen selbst kosteten 1,60 US$ pro Stück.[30]

Das ursprünglich auf eine Leistung von 12,5 kW ausgelegte Wasserkraftwerk, welches noch heute in Form einer detailgetreuen Rekonstruktion für Besucher zugänglich ist, verzeichnete einen stetigen Anstieg seiner Kundschaft. Bereits im Jahre 1886 wurde die bis dahin verwendete Apparatur durch eine wesentlich leistungsstärkere (190 kW) mit Spannungsregulator, Sicherungssystem und dreiphasigen Verteilungskreislauf ersetzt. Die Einführung elektrischer Messungen erfolgte im Jahre 1888, wobei jenes von Thomas Alva Edison entwickelte Wattstundenmeter zum Einsatz gelangte. Im Jahre 1890 wurde ein 24-stündiges Messservice angeboten. Einige Strombezieher begannen ab nun auch mit der Inbetriebnahme von elektrischen Motoren.[31]

Nach zahlreichen wirtschaftlichen Turbulenzen, welche durch eine Fehlinvestition in das örtliche Straßenbahnsystem ausgelöst worden waren, schlitterte das Kraftwerksunternehmen in den Bankrott. Die komplette Zerstörung der Anlage durch einen Brand und die fehlgeschlagene Fusion mit einem Beförderungsunternehmen hatten schließlich zur Folge, dass der Betrieb im Jahre 1927 in die Wisconsin Michigan Power Company einverleibt wurde.[32]

---

[30] L. P. Kellogg, The Electric Light System at Appleton, in: Wisconsin Magazine of History 6 (1922-23), 189-194.

[31] Shortridge, Some Early History of Hydroelectric Power (Anm. 26), 32.

[32] G. W. Van Derzee, Pioneering the Electrical Age, in: Wisconsin Magazine of History 41 (1957), 210-214.

Abb. 6

Historische Fotografie des ersten US-amerikanischen Wasserkraftwerks in der Stadt Appleton im Bundesstaat Wisconsin.

Abb. 7

Skizze mit der Innenausstattung des Kraftwerks in Appleton.

Die 1880er Jahre zeichneten sich im Allgemeinen durch ein explosives Wachstum der Hydroelektrizitätswirtschaft aus. Neben der Anzahl an Wasserkraftwerken wuchs auch deren individuelle Größe und deren Komplexität in Bezug auf Architektur und technische Bedienung. Am 21. August des Jahres 1886 erschien in der Zeitschrift „Electrical World" ein Artikel, gemäß welchem zur damaligen Zeit 40 bis 50 auf Basis von Wasserkraft funktionierende Elektrizitätswerke in Betrieb standen. Acht davon befanden sich in den Bundesstaaten New England und New York, darunter auch die 300 kW-Anlage an den Niagara-Fällen. Neun Kraftwerke wurden für das kanadische Ontario aufgelistet, während nur wenige Anlagen dem Süden der Vereinigten Staaten zugeordnet wurden. Insgesamt 19 Wasserkraftwerke wurden für jene Region aufgelistet, welche von den Autoren die Bezeichnung „der Westen" erhielt; gemeint waren damit die Ländereien von Ohio bis Minnesota und Ostnebraska. Drei Anlagen schließlich wurden für den „fernen Westen" genannt (Aspen, Ogden City, Spokane Falls). Die Leistungen der Elektrizitätswerke reichten dabei hinauf bis 6.000 kW.[33]

Mit dem vermehrten Aufkommen der Hydroelektrizität traten auch zahlreiche technische Probleme auf, unter denen das Fehlen von Messinstrumenten mit entsprechender Ablesegenauigkeit besonders hervorzuheben ist. Zudem gab es eine andauernde Kontroverse zwischen Befürwortern der Gleichstromtechnik und Verfechtern der Wechselstromtechnik. Der Umstand, dass an den Niagara-Fällen Wechselstromgeneratoren zum Einsatz gelangten, trug viel zur weiteren Entwicklung der Elektrizitätsindustrie bei. Die nachhaltige Etablierung dieser Stromtechnik wurde relativ lange aufgrund des hohen Einflusses von Thomas Alva Edison, dem Anführer der Gleichstrom-Lobby, verzögert.[34]

Edisons Hauptargument für die Verwendung von Gleichstrom bestand darin, dass es keinen Motor gab, welcher effektiv mit einer Wechsel-

---

[33]   Anonymus, Water Power for Electric Lighting, in: Electrical World 8/21 (1886), 84.
[34]   Shortridge, Some Early History of Hydroelectric Power (Anm. 26), 32 f.

stromquelle in Betrieb gesetzt werden konnte. Nachdem Nicola Tesla im Jahre 1887 sein Patent für den Induktionsmotor angemeldet und dieser in den 1890er Jahren eine breite kommerzielle Verwertbarkeit erreicht hatte, erfuhr Edisons Argumentation einen ersten massiven Rückschlag. Die Verfechter der Gleichstromtechnik vertraten auch die Auffassung, dass Wechselstrom in seiner Handhabung viel gefährlicher als Gleichstrom sei. Der Wechselstrom wurde zur damaligen Zeit mit einer Spannung zwischen 1000 und 2000 V abgeführt und kurz vor dem Erreichen des Endverbrauchers auf 110 V herabtransformiert. Bei seiner Handhabung traten kaum dokumentierte Unfälle auf. Edison war der Meinung, dass es bei diesem Transformationsprozess zu einem allmählichen Zusammenbruch der elektrischen Isolierung kommen würde. Dadurch könnte elektrischer Strom mit hoher Spannung ungehindert in die Heime und Geschäfte ahnungsloser Kunden geleitet werden. Derartige Katastrophen traten jedoch nie auf.[35]

2.3 Der Weg der Hydroelektrizität in das 20. Jahrhundert

Im Jahre 1899 gab es in den Vereinigten Staaten insgesamt bereits 500 Wasserkraftwerke, welche über eine Gesamtleistung von 150 MW verfügten. Sie vermochten damit 28.000 Bogenlampen, 845.000 Glühbirnen und Motoren mit insgesamt 60.000 PS anzutreiben. Fast 1.000 Schienenkilometer der Straßenbahn wurden von hydroelektrischen Anlagen mit Strom versorgt. In den späten 1890er Jahren galt der Transport von elektrischer Energie über eine Distanz von 30 bis 50 km noch gemeinhin als kleine Sensation, wobei jene zu diesem Prozess befähigten Anlagen in Artikeln von technischen und populären Zeitschriften ihre Erwähnung fanden.[36]

---

[35] M. Josephson, Edison, McGraw-Hill, New York 1959, 343-350; T. P. Hughes, Networks of Power, Johns Hopkins University Press, Baltimore 1983, 106-109; M. Mac Laren, The Rise of the Electrical Industry during the Nineteenth Century, Princeton University Press, Princeton 1943, 177-180.

[36] A. D. Adams, Electric Transmission of Water Power, McGraw, New York 1906, 1-9.

Ab dem Jahr 1906 galt die Überbrückung derartiger Entfernung als nichts Außergewöhnliches mehr. Die Stadt San Francisco etwa erhielt 10.000 kW ihrer elektrischen Energie von einem mehr als 230 km entfernten Standort. Zu Beginn des 20. Jh. bezogen mehr als 50 nordamerikanische Städte Strom aus Wasserkraftwerken; dieser Meilenstein gelang weniger als ein Vierteljahrhundert nach der Etablierung jener winzigen 12,5 kW-Anlage am Fox River bei Appleton.[37] All die angeführten historischen Fakten bringen sehr klar zum Ausdruck, dass sich die Hydroelektrizitätswirtschaft in den Vereinigten Staaten in einer – wenn man so will – protoindustriellen Phase befand und aus Wasserkraft gewonnene Energie kurz davor stand, zu einem der breiten Öffentlichkeit zugänglichen Massenprodukt zu avancieren.

Die stetig steigende Nachfrage nach hydroelektrischer Energie hatte freilich zur Folge, dass sich die Suche nach möglichen Standorten für neue Wasserkraftwerke immer aufwendiger gestaltete und zu einem signifikanten Investitionsposten geriet. Eine in vielerlei Hinsicht günstige Lokalität stellten die sogenannten Muscle Shoals am Tennessee River dar, bei denen es sich um für die Schifffahrt nahezu unüberwindbare Stromschnellen handelte. Diese wurden zwar bereits 1836 durch einen fast 20 km langen Kanal umgangen, waren aber dennoch ein für die Ökonomie der Südstaaten unzuträgliches Hindernis. In den Jahren 1899, 1903 und 1906 wurden vom amerikanischen Kongress für besagten Abschnitt des Tennessee River entsprechende Konzessionen zum Bau hydroelektrischer Anlagen bewilligt, welche jedoch zum Teil von Präsident Theodore Roosevelt beeinsprucht wurden und somit niemals zur Umsetzung gelangten.[38]

Bis zum Jahr 1917 stellte Muscle Shoals gleichsam ein Sinnbild für das Versagen politischer und privatwirtschaftlicher Bestrebungen dar, bis sich schließlich das US-Militär der Sache anzunehmen begann und eine Art

---

[37]   Shortridge, Some Early History of Hydroelectric Power (Anm. 26), 38.
[38]   Ebd., 38.

Vorbereitungsprojekt für zukünftige Bauarbeiten ins Leben rief. Nachdem die Vereinigten Staaten in den Ersten Weltkrieg eingetreten waren, erhöhte sich schlagartig der Bedarf nach Sprengstoff, für dessen Herstellung enorme Mengen an Nitraten benötigt wurden. Für die Produktion der Nitrate wiederum brauchte man ausreichend elektrischen Strom, welcher natürlich in Hinblick auf die Rentabilität des Prozesses möglichst kostengünstig sein musste. Im September des Jahres 1917 wurde Muscle Shoals als Standort für ein Wasserkraftwerk, einen zugehörigen Damm und zwei Nitratfabriken ausgewählt. Die Errichtung der Staumauer, welche später den Namen „Wilson-Damm" tragen sollte, begann im Jahre 1918 und war bis 1922 erst zu einem Drittel vollendet (Abb. 8, 9).[39]

Im Jahre 1922 brachte sich der Großunternehmer Henry Ford in das Projekt ein. Sein Angebot an die Baubetreiber bestand im Wesentlichen darin, den Wilson-Damm und eine kleinere, in der Nähe befindliche Staumauer fertigzustellen, die zugehörigen Kraftwerksanlagen bauen zu lassen und diese für 100 Jahre zu leasen, wobei sich die jährliche Leasing-Rate auf 4 % der Gesamtkosten des Projekts belaufen sollte. Zuletzt schlug Ford auch noch vor, zwei mit den Energieversorgern assoziierte Nitratfabriken im Gesamtwert von 5 Mill. US$ erwerben zu wollen. Im Jahre 1924 zog der Unternehmer nach politischen Differenzen sein Angebot wieder zurück.[40]

Als hauptsächlicher Grund für Fords Rückzug aus der Elektrizitätswirtschaft galt George Norris, Senator des Bundesstaates Nebraska, der zwei Gesetzesanträge für den staatlichen Betrieb der Anlagen über einen Zeitraum von insgesamt sieben Jahren unterstützte und sich somit strikt gegen privatwirtschaftliche Interessen wandte. Ein Gesetzesentwurf scheiterte am Veto von US-Präsident Coolidge, der andere am Einspruch von Präsident Hoover. Erst unter Präsident Franklin D. Roosevelt wurde im Jahre 1933 die Tennessee Valley Authority ins Leben gerufen, welche die

---

[39] Shortridge, Some Early History of Hydroelectric Power (Anm. 26), 38.
[40] Ebd., 38.

Energieproduktion am Fluss in die Verantwortung des Staates übertrug
und für zahlreiche Arbeitskräfte ein lebenswichtiges Betätigungsfeld darstellte.[41]

Auch im nördlich an die Vereinigten Staaten angrenzenden Kanada zeichnete sich Ende des 19. Jh. eine Energierevolution ab. Das erste Wasserkraftwerk wurde dort am St. Maurice River im Jahre 1897 fertiggestellt
und stellte ein Pionierprojekt innerhalb des gesamten British Empire dar.
Die Vollendung einer weiteren hydroelektrischen Anlage am selben Fluss
gelang bereits zwei Jahre später; der darin produzierte Strom wurde ab
1902 zum Teil nach Montreal geleitet. Die Region rund um die Kraftwerke
avancierte in weiterer Folge zu einem Industriezentrum für Elektrochemie
und Elektrometallurgie.[42]

Bis zum Jahr 1910 gab es in Kanada eine nahezu flächendeckende Versorgung von Industrie und Privathaushalten mit hydroelektrischer Energie; lediglich in der Provinz Saskatchewan sah man von einem Gebrauch
der Wasserkraft vorerst noch ab, obwohl man im Entwicklungsplan die
Etablierung von entsprechenden Anlagen mit einer Gesamtleistung von
7,5 MW veranschlagt hatte. Als einer der größten Verbraucher von hydroelektrischer Energie galt zum damaligen Zeitpunkt die Stadt Vancouver,
welche von einem 25 MW-Kraftwerk versorgt wurde. Dieses verfügte
über eine 4 km lange Zulaufleitung, über welche Wasser von einem Ge-
birgssee in ein rund 140 m über den Turbinen positioniertes Reservoir
befördert wurde. Die gesamte elektrische Leistung Kanadas belief sich im
Jahre 1910 auf ungefähr 550 MW.[43]

---

[41] J. H. Kyle, The Building of the TVA, Louisiana State University Press, Baton Rouge
1958, 4-13; M. Owen, The Tennessee Valley Authority, Praeger, New York 1973, 3-
19; W. H. Doze, High Dams and Slack Waters, Louisiana State University Press,
Baton Rouge 1965, 3-19; A. Nevins, F. E. Hill, Ford - Expansion and Challenge
1915-1933, Charles Scribner's Son's, New York 1957, 305-311; H. Ford, Today and
Tomorrow, Doubleday Page, Garden City 1926, 141-149.

[42] J. H. Dales, Hydroelectricity and Industrial Development: Quebec 1898-1940, Harvard University Press, Cambridge 1957, 16-25.

[43] L. G. Denis, A. V. White, Water-Powers of Canada, Mortimer Co., Ottawa 1911.

Abb. 8

Historische Fotografie zum Bau des Wilson-Dammes im Zuge der Tennessee Valley Authority.

Abb. 9

Realisierung eines weiteren Dammprojektes im Rahmen der Tennessee Valley Authority, welche unter US-Präsident Franklin D. Roosevelt ihren Höhepunkt erreichte.

2.4 Neuere Entwicklungen in der amerikanischen Hydroelektrizitätswirtschaft

Wie bereits im vorangegangenen Abschnitt ausführlich erläutert wurde, gelang der US-amerikanischen Hydroelektrizitätswirtschaft im Zeitraum von 1882 bis 1902 eine Steigerung der Kapazität von 12,5 kW auf mehr als 1.000 MW. Bis zum Jahr 1922 erfolgte eine weitere Erhöhung der auf Hydroelektrizität basierenden Leistung auf 5.000 MW, und 1932 stieg dieser Wert nochmals auf 10.000 MW. Bis 1952 erreichte man eine Gesamtleistung von 20.000 MW. Die Verdopplung dieses Wertes gelang 1963, seine Vervierfachung im Jahre 1985. Die Energiedaten korrelieren mit dem Wirtschaftswachstum der Vereinigten Staaten, geben aber bis zu einem gewissen Grad auch zu erkennen, dass sich die Gewohnheiten der Privatverbraucher in den jeweiligen Jahrzehnten sehr maßgeblich verändert haben.[44]

In den 1930er Jahren blieb der in Verbindung mit der Hydroelektrizitätsgewinnung stehende Dammbau keineswegs auf das Tal des Tennessee River beschränkt, sondern fand an vielen Orten der Vereinigten Staaten statt. Als Vorzeigeprojekte galten in dieser Hinsicht der Hoover-Damm in Nevada und der Grand Coulee-Damm im Bundesstaat Washington, wobei das erstgenannte Bauwerk im Jahre 1936 die weltgrößte Betonkonstruktion repräsentierte und zudem die größte Menge an elektrischem Strom zu produzieren vermochte (Abb. 10, 11). Der Grand Coulee-Damm wurde gleichermaßen zum Zweck der Stromproduktion und für die Bewässerung der umliegenden Wirtschaftsflächen konstruiert. Während des Zweiten Weltkriegs wurde er noch weiter ausgebaut, um mehr elektrische Energie für die rasant anwachsende Militärindustrie liefern zu können.

Der Bau von Speicherkraftwerken erreichte in den 1960er Jahren sicherlich seinen Höhepunkt, was zu einem gewissen Teil auch mit der Etablierung des vollelektrisierten Haushalts in den amerikanischen Mittelstandsfamilien zusammenhing. Im darauffolgenden Jahrzehnt gab es im Bereich

---

[44] Shortridge, Some Early History of Hydroelectric Power (Anm. 26), 40.

der Hydroelektrizität nur noch vereinzelte Großprojekte. Dieser Umstand war einerseits dem vermehrten Aufkommen der Kernkraft geschuldet, gründete jedoch andererseits auch auf wachsenden Bedenken in Bezug auf die Umweltverträglichkeit derartiger Megabauten. Gerade ältere und kleinere Staumauern, deren Bau noch ohne jegliche Umweltauflagen erfolgt war, wurden wieder abgerissen. Neuere Dämme wurden unter anderem durch Aufstiegshilfen für Fische ergänzt. Ältere Bauwerke erfuhren durch ihre komplette Modernisierung eine teils signifikante Kapazitätserhöhung; der Hoover-Damm etwa erhielt zwischen 1986 und 1993 einen neuen Generatorsatz, wodurch seine Ausgangsleistung erheblich gesteigert werden konnte. Um die unterhalb der Dämme liegende Flusslandschaft von invasiven Tier- und Pflanzenarten zu befreien oder einer übermäßigen Sedimentation vorzubeugen, werden manche Staudämme an bestimmten Zeiten des Jahres geöffnet und ihre Stauseen bis zu einem gewissen Niveau abgelassen. Dies hat freilich zur Folge, dass die Verfügbarkeit von Hydroelektrizität gewissen annuellen Schwankungen unterliegt.

In der Nachkriegszeit gewann auch das Pumpspeicherkraftwerk in der amerikanischen Hydroelektrizitätsindustrie zunehmend an Bedeutung. Dieser Kraftwerkstyp wird seit jeher dazu verwendet, in Phasen des Spitzenverbrauchs zusätzlichen Strom in das Netz einzuspeisen. Im Jahre 2009 belief sich die aus Pumpspeicheranlagen gewonnene Gesamtleistung auf 21,5 GW, was immerhin 2,5 % der totalen Energiekapazität in den Vereinigten Staaten entsprach.[45] Die Bath County Pumped Storage Station im Bundesstaat Virginia gilt als größtes Pumpspeicherkraftwerk der Welt. Weitere Anlagen von übergeordneter Bedeutung umfassen das Raccoon Mountain Pumped-Storage Plant (Tennessee), die Bear Swamp Hydroelectric Power Station (Massachusetts) sowie das Ludington Pumped Storage Power Plant (Michigan).

---

[45] Siehe dazu: http://www.eia.doe.gov/oiaf/servicerpt/stimulus/excel/aeostimtab_9.xls [13. 1. 2019].

Abb. 10

Hoover-Staudamm im US-Bundesstaat Nevada (Errichtung: 1936). Zum damaligen Zeitpunkt handelte es sich um die größte Betonkonstruktion der Welt.

Abb. 11

Grand Coulee-Staudamm im Bundesstaat Washington – eine der größten hydroelektrischen Anlagen in den Vereinigten Staaten.

Kapitel 3

**Beispiele historischer
Wasserkraftanlagen**

Kapitel 3
Beispiele historischer Wasserkraftanlagen

3.1 Einige einleitende Bemerkungen

Die Revolution des elektrischen Stroms setzte weltweit in den 1870er Jahren ein, wobei man zunächst an weitgehend isolierten Standorten mit der Elektrizitätsproduktion begann. Die ersten Jahrzehnte der Stromgewinnung wurden von kleinen Gleichstromsystemen dominiert, welche an Fabriken in der ganzen Welt verkauft wurden und sowohl im urbanen Bereich als auch in Regionen mit geringer wirtschaftlicher Entwicklung zum Einsatz gelangten. Berühmte Persönlichkeiten wie Thomas Alva Edison, Charles Brush oder Werner von Siemens galten als glühende Verfechter des Gleichstroms und bauten demzufolge eine ganze Industrie zum Vertrieb von Gleichstromsystemen auf. Der gravierendste Nachteil dieser Systeme bestand freilich darin, dass sie für 95 % der Menschen nicht nutzbar waren. Elektrisches Licht repräsentierte zum damaligen Zeitpunkt puren Luxus, der in manchen noblen Hotels oder reichen Unternehmen angetroffen werden konnte. Auch die Wohnhäuser der beiden Elektrizitätspioniere George Westinghouse und J. P. Morgan wurden mit Strom für die Beleuchtung versorgt.[46]

Die ersten Kraftwerksanlagen zur Produktion von Gleichstrom wurden durch kohlebefeuerte Dampfmaschinen oder durch Wasserkraft angetrieben. Da die meisten industriellen Standorte an Fließgewässern positioniert waren und ihre Maschinen zuvor bereits mit Wasserrädern verbunden hatten, stellte der Übergang zur Hydroelektrizität einen logisch nachvollziehbaren Entwicklungsschritt dar. Für die Erklimmung der nächsten Sprosse der evolutiven Leiter war es notwendig, den erzeugten elektrischen Strom in weiter entfernte Gebiete zu transportieren. Zu diesem Zweck war die Generierung von hohen Spannungen notwendig. Der

---

[46] Sturm, Geschichte der Hydroelektrizität (Anm. 2), 38-48.

Hochspannungsgleichstrom (HVDC) repräsentiert die früheste Form der Langstreckenübertragung von elektrischer Energie. Dieser Stromtypus erlebt gegenwärtig eine Renaissance, da er in seiner technisch fortgeschrittenen Version große oberirdisch verlaufende Wechselstromleitungen zu ersetzen vermag.[47]

In den späten 1880er Jahren hatte man mit dem Wechselstrom eine alternative Lösung für das Problem des elektrischen Energietransportes gefunden. Diese Stromform erwies sich zudem als prädestiniert für die Verbindung einzelner Produktionsstätten von elektrischer Energie. Die Entwicklung des Dreiphasengenerators hatte eine enorme Effizienzsteigerung der Stromerzeugung zur Folge und ermöglichte dadurch die Elektrifizierung ganzer Städte und Regionen. Dieser Prozess nahm in den 1890er Jahren seinen Anfang.[48]

In den Vereinigten Staaten von Amerika setzte der Elektrizitätsboom in den 1870er Jahren ein, während die Nutzung der Wasserkraft für die Stromzeugung ab den 1880er Jahren in größerem Maßstab erfolgte. Besonders an jenen Stellen, wo sich zuvor verschiedene Mühlenbetriebe befunden hatten, entstanden zu dieser Zeit kleine bis mittelgroße Kraftwerke, die in erster Linie zur Deckung des lokalen Strombedarfs dienten. Die Konzeption einer hydroelektrischen Anlage umfasste freilich nicht nur den Bau des Maschinenhauses mit den Turbinen und Generatoren, sondern auch die Errichtung eines Staudammes, mit dessen Hilfe die Generierung einer hydraulischen Fallhöhe (siehe Kapitel 1) ermöglicht wurde.

Ab den späten 1880er Jahren nahmen die Wasserkraftwerke immer mehr an Größe und demzufolge auch an produktiver Kapazität zu. Manche in dieser Zeit entstandenen Anlagen nahmen eine Vielzahl riesiger Maschinensätze in ihre Hallen auf, wobei der Transport von Turbinen und Generatoren vom Hersteller zum Abnehmer oftmals riesige logistische Aufwendungen erforderte.

---

[47] Sturm, Geschichte der Hydroelektrizität (Anm. 2), 38-48.

[48] Ebd., 38-48; ergänzend: T. Schmidberger, Das erste Wechselstromkraftwerk in Deutschland, Bad Reichenhall. Slavik, Marzoll 1984.

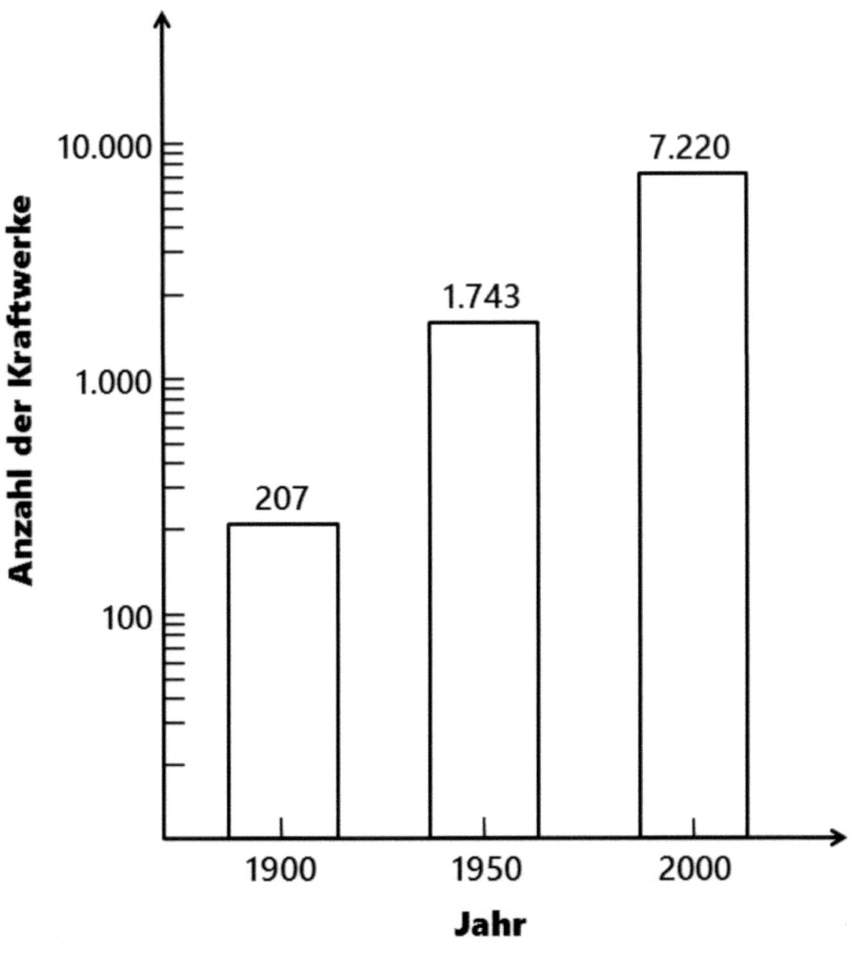

Abb. 12

Zunahme der Anzahl an US-amerikanischen Wasserkraftwerken im Zeitraum zwischen 1900 und 2000.

An der Wende vom 19. zum 20. Jahrhundert standen in den gesamten Vereinigten Staaten ungefähr 200 Wasserkraftwerke in Betrieb. In den nachfolgenden Jahrzehnten setzte ein regelrechter Boom bezüglich der Nutzung von Hydroenergie ein. Im Jahre 1950 gab es bereits über 1.700 hydroelektrische Anlagen auf US-amerikanischen Staatsgebiet, und im Jahre 2000 waren über 7.000 Werke registriert (Abb. 12). Demzufolge fand innerhalb von 100 Jahren etwa eine Verfünfunddreißigfachung der Kraftwerkszahl statt. Gegenwärtig ist dieser Wert weitgehend als konstant zu erachten, da mit der Errichtung neuer Anlagen der Rückbau alter Kraftwerksstrukturen Hand in Hand geht. Mittlerweile besteht insbesondere in ländlichen, naturnahen Gebieten das vermehrte Bedürfnis nach einer Wie-

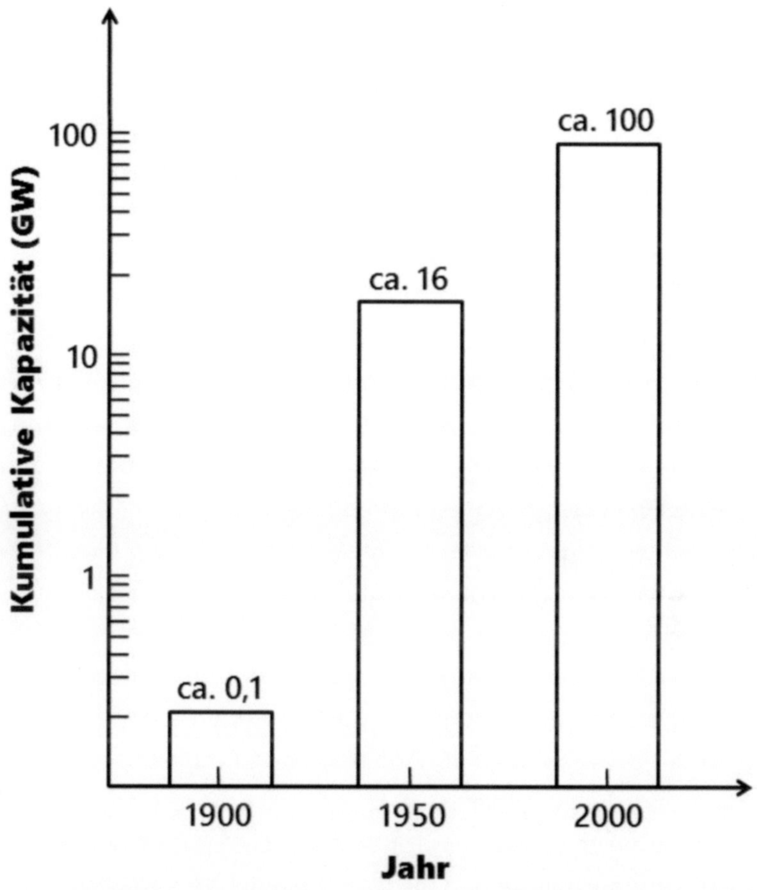

Abb. 13

Gesamtkapazität (GW) der US-amerikanischen Wasserkraftwerke in den Jahren 1900, 1950 und 2000.

derherstellung von natürlichen, von Mäandern und Schotterbänken gekennzeichneten Flusslandschaften. Dazu ist es jedoch oftmals notwendig, alte Stauseen durch die Sprengung von Dämmen abzulassen. Die Regenerierung ursprünglicher Fließgewässersysteme erfolgt häufig mit erstaunlich hoher Geschwindigkeit – innerhalb weniger Jahre treten wieder alte Verlaufsstrukturen zutage.[49]

Gemeinsam mit der Anzahl an hydroelektrischen Anlagen stieg im 20. Jh. auch die aus den Kraftwerken herausgezogene Kapazität an. Im Jahre 1900 betrug die von allen Stromproduzenten erbrachte Leistung noch lediglich 0,1 GW oder 100 MW. Dies entspricht heutzutage dem Output einer einzelnen Großanlage. Im Jahre 1950 verfügte man in den Vereinigten Staaten schon über eine Gesamtkapazität von etwa 16 GW, und im Jahre 2000 bemaß sich dieser Grundparameter auf ungefähr 100 GW (Abb. 13). Demnach hat in 100 Jahren eine Vertausendfachung der hydroelektrischen Stromerzeugung stattgefunden. Angesichts der bereits weiter oben erwähnten Verfünfunddreißigfachung der Anzahl an Kraftwerken darf die Feststellung gemacht werden, dass die Effizienz der Anlagen im Spiegel des technischen Fortschritts stetig gesteigert werden konnte.[50]

Trotzdem die hydroelektrische Industrie an der Wende vom 19. zum 20. Jh. nur einen winzigen Bruchteil der gegenwärtigen Strommenge zu liefern vermochte, stellte sie eine Art Initialzündung für den ökonomischen Aufschwung in den Vereinigten Staaten dar und soll deshalb an dieser Stelle etwas näher unter die Lupe genommen werden. Am Ende des 19. Jh. wagten viele große Industriestädte des Ostens und mittleren Westens die Elektrifizierung ihrer Produktionsstätten, wodurch die bereits bestehenden und gewissermaßen als Pionieranlagen fungierenden Kraftwerke ausgebaut und durch immer neue Elektrizitätserzeuger ergänzt wurden. Nach Westen hin trat sowohl in Hinblick auf die Elektrifizierung als auch bezüglich der Industrialisierung insgesamt ein deutliches Gefälle auf.

Der zuletzt genannte Umstand wird besonders augenscheinlich, wenn man sich die geografische Position der hier besprochenen historischen

---

[49]   https://www.energy.gov/eere/water [5. 1. 2019].
[50]   U.S. Dep. of Energy, Hydropower Vison: A New Chapter for America's 1st Renewable Electricity Source, U.S. Department of Commerce, Springfield 2016, 9-10

Wasserkraftwerke anhand einer Übersichtskarte etwas näher vor Augen führt (Abb. 14). Die meisten Anlagen befinden sich im Nordosten der Vereinigten Staaten, welcher in der gesamten Geschichte des Landes schon immer einen Brennpunkt der technischen und wirtschaftlichen Evolution darstellte. Als urbanes Zentrum dieses Fortschritts kann sicherlich die Stadt New York gelten, in der sich gerade im ausgehenden 19. Jh. die schlauesten und innovationsfreudigsten Köpfe versammelt hatten. Nachfolgend soll auf die in der unteren Karte festgehaltenen Kraftwerksstandorte im Detail eingegangen werden, wobei an eine historische Darstellung eine technische Deskription der einzelnen Anlagen anschließt.

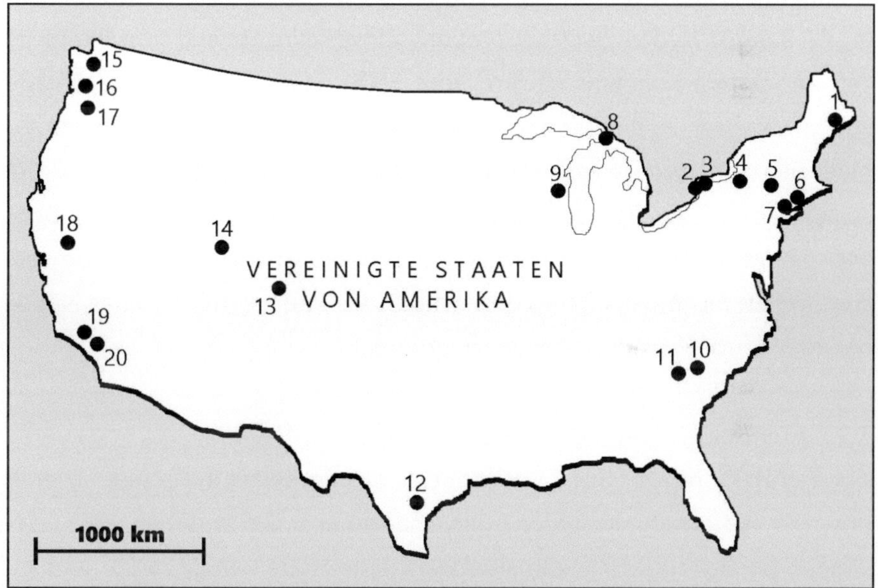

Abb. 14

Karte der Vereinigten Staaten mit der geografischen Position jener historischen Wasserkraftwerke, welche in den nachfolgenden Abschnitten zur Behandlung kommen (1 – Ellsworth, 2 – Schoellkopf, 3 – Edward Dean Adams, 4 – Fulton, 5 – Mechanicville, 6 – Bridge Mill, 7 – Bull's Bridge, 8 – Sault Ste. Marie, 9 – Appleton, 10 – Columbia Canal, 11 – Lower Pelzer, 12 – Cuero, 13 – Ames, 14 – Stairs Station, 15 – Snoqualmie Falls, 16 – Willamette Falls, 17 – Bull Run, 18 – Folsom, 19 – Borel, 20 – St. Ana River.

3.2 Das Ellsworth Hydro Power Plant im Bundesstaat Maine

3.2.1 Allgemeine Bemerkungen und Geschichte

Die aus Damm und Kraftwerkshaus bestehende Anlage befindet sich am Union River nahe der Stadt Ellsworth im nordöstlichen Bundesstaat Maine. Die Staumauer, welche später auch unter dem Namen Union River Dam Bekanntheit erlangte, bewirkte die Entstehung des Leonard-Sees, der nach dem Schöpfer des Bauprojektes, James Leonard, benannt wurde. Das Wasserkraftwerk wurde im Jahre 1907 von der Bar Harbor and Union River Power Company errichtet.[51] Dieses Unternehmen wurde 1925 in die Bangor Hydro-Electric Company einverleibt, welche nun ihrerseits Teil des Emera-Konzerns ist. Im Jahre 2009 wurde die gesamte Anlage von Black Bear Hydro übernommen, jedoch fünf Jahre später nach zu niedrigen Umsätzen wieder an Brookfield Partners weiterverkauft. Trotz seiner zahlreichen Besitzerwechsel steht das Wasserkraftwerk seit über 110 Jahren in Betrieb und vermag seinen Beitrag zur lokalen Stromversorgung zu leisten. Im Jahre 1985 wurde das Bauensemble in das National Register of Historic Places aufgenommen.[52]

3.2.2 Architektur und technische Daten des Kraftwerks

Aus architektonischer Sicht zeichnet sich das Kraftwerk mit seinem Damm durch einige erwähnenswerte Eigenschaften aus. Die zwischen zwei Felsklippen hochgezogene Staumauer weist eine Höhe von 22 m auf und repräsentiert einen für die damalige Zeit typischen Pfeilerdamm. Die einzelnen Betonpilaster sind 4,6 m voneinander entfernt und ruhen auf granitischem Untergrund. Sie stellen die Stützelemente zweier riesiger Betonplatten dar, welche mit Stahlgestänge verstärkt sind und sich über den gesamten Union-Fluss erstrecken. Der Damm repräsentierte ursprünglich

---

[51] Website zum Ellsworth Power House and Dam: https://wikipedia.org/wiki/Ellsworth_Power_House_and_Dam [5. 1. 2019].

[52] Ebd.

ein Bauwerk des sogenannten Ambursen-Typs und zeigte demzufolge eine Hohlraumstruktur. In den 1990er Jahren wurde die Staumauer jedoch mit Stahlankern stabilisiert und mit Beton aufgefüllt, wodurch eine Anpassung an moderne Sicherheitsstandards erfolgte.[53]

Das Kraftwerkshaus repräsentiert in Bezug auf seine Architektur einen Blickfang und gilt noch heute als Zeugnis der frühen Elektrifizierung des Bundesstaates. Es befindet sich direkt an der Basis des Dammes am Westufer des Union River. Das aus anderthalb Stockwerken bestehende Gebäude wurde aus Betonblöcken gefertigt und zeichnet sich durch sein mit roten Keramikschindeln bedecktes Satteldach aus. Das Haus wurde in einer Art Renaissancestil konzipiert und verfügt aufgrund seiner großen, portalartigen Fenster über einen lichtdurchfluteten Innenraum. Die Fenster stehen durch eine steinerne Zierleiste miteinander in Verbindung. Das mit Kragsteinen hervorgehobene Giebelfeld weist in seinem Zentrum ein palladianisches Fenster auf und unterstreicht damit nochmals den Rückgriff der Architektur auf alte Stilelemente. Alle oben genannten Komponenten finden an der Gebäuderückseite ihre Wiederholung, wodurch das Ensemble seine bauliche Abrundung erfährt (Abb. 15 bis 18).[54]

Das Ellsworth-Kraftwerk wurde bei seiner Eröffnung im Jahre 1907 mit zwei Maschinensätzen ausgerüstet, welche im Laufe der Jahrzehnte einer signifikanten Modernisierung unterzogen wurden. Die mit Francis-Turbinen verbundenen Dreiphasengeneratoren liefern eine durchschnittliche Jahresleistung von 30.000 MWh, womit die Anlage auf lokaler Ebene einen nicht unbedeutenden Stromproduzenten darstellt. Wie bei anderen vergleichbaren Kraftwerken läuft auch hier der Betrieb mittlerweile vollautomatisch ab, was zu einer drastischen Senkung des Personalstandes führte.[55]

---

[53] Website zum Ellsworth Power House and Dam: https://wikipedia.org/wiki/Ellsworth_Power_House_and_Dam [5. 1. 2019].
[54] Ebd.
[55] Ebd.

Abb. 15

Alte Aufnahme des Ellsworth Kraftwerks (Maschinenhalle und Damm) im US-Bundesstaat Maine.

Abb. 16

Weitere historische Fotografie des Kraftwerksensembles mit Blick auf die etwa 17 m hohe Staumauer.

Abb. 17

Gegenwärtiges Erscheinungsbild des Ellsworth-Kraftwerks in Maine.

Abb. 18

Heutiges Erscheinungsbild des zwischen den Felsklippen des Union River eingespannten Dammes.

3.3 Die Schoellkopf Power Station an den Niagara-Fällen im Bundesstaat New York

3.3.1 Allgemeine Bemerkungen und Geschichte

Am Ostufer des Niagara-Flusses befand sich etwa 500 m von der Rainbow Bridge entfernt ein einzigartiges Kraftwerksensemble, welches von vielen Forschern als Sinnbild für den markanten Aufschwung der Hydroelektrizitätswirtschaft an der Wende vom 19. zum 20. Jh. angesehen wird. Es handelt sich hierbei um die noch heute bekannte Schoellkopf Power Station, die auf einem im Besitz von Jacob F. Schoellkopf stehenden Landstreifen oberhalb der Niagara-Schlucht in der Nähe der amerikanischen Wasserfälle errichtet wurde. Schoellkopf hatte den ständig steigenden Bedarf nach Elektrizität erkannt und sah in den Wasserfällen ein enormes energetisches Potenzial, welches es mit allen möglichen technischen Mitteln zu nutzen galt. Am 1. Mai des Jahres 1877 erwarb er deshalb zum Preis von 71.000 US$ jenes für den hydraulischen Kanal benötigte Land. Im Jahre 1903 übernahm Schoellkopfs Sohn die Geschäfte im Elektrizitätsunternehmen. Im Jahre 1918 erfolgte die Fusion der Schoellkopf's Niagara Falls Hydraulic Power and Manufacturing Company mit der Niagara Falls Power Company, die im Besitz von Edward Dean Adams stand.[56] Die Überreste des Kraftwerks gelten heute in Verbindung mit dem Niagara Falls State Park als viel besuchte Fremdenverkehrsattraktion.

3.3.2 Chronologie der von Schoellkopf errichteten Kraftwerke

Bereits im Jahre 1853 begann man mit dem Bau des sogenannten „hydraulischen Kanals", dessen Hauptaufgabe darin bestehen sollte, Wasser aus dem Niagara-Fluss oberhalb der Fälle zum Steilufer unterhalb der Fälle zu transportieren. Die erste an diesem Kanal errichtete Anlage (Baujahr 1874) verfolgte zunächst nicht den Zweck der Elektrizitätsproduktion,

---

[56] Website zur Schoellkopf Power Station: https://wikipedia.org/wiki/ Schoellkopf_Power_Station [5. 1. 2019].

sondern verwendete ihre Wasserturbinen als Antriebsmaschinen für die nahegelegenen Mühlen und Fabriken. Im Jahre 1882 ging Jacob F. Schoellkopf eine Partnerschaft mit Charles Brush ein, der an den Niagara-Fällen eine Straßenbeleuchtung installiert hatte und für deren Inbetriebnahme einen Generator in der Kraftwerksanlage platzierte. Dieser erste Dynamo verfügte über eine Leistung von 1.800 PS und stand bis zum Jahre 1904 im Einsatz.[57]

Eine zweite, wesentlich größere hydroelektrische Anlage entstand im Jahre 1898 und wurde an der Basis des Steilufers unmittelbar vor dem ersten Kraftwerk errichtet. Die hinsichtlich ihrer Architektur sehr schlicht gehaltene Anlage besaß eine Grundfläche von 55 x 30 m und erbrachte eine Gesamtleistung von 34.000 PS, womit sie das erste Werk um ein Vielfaches übertraf. Das Werk nutzte für den Antrieb der unzähligen Turbinen eine vom hydraulischen Kanal bis zum Vorbecken bestehende Höhendifferenz von ungefähr 70 m. Ein wesentlicher Nachteil der Anlage bestand freilich darin, dass sie noch vor der Wechselstromära zur Errichtung gelangt war und deshalb ausschließlich Gleichstrom zu produzieren vermochte. Die Elektrizität konnte zudem nur an Verbraucher in einem Umkreis von 3 km verteilt werden, so dass das Kraftwerk schließlich im Jahre 1921 seine endgültige Stilllegung erfuhr.[58]

Der erste Teil (Station 3a) des dritten Hydroelektrizitätswerks wurde im Jahre 1914 fertiggestellt und beherbergte 13 Turbinen mit einer jeweiligen Leistung von 10.000 PS. Diesem folgten im Jahre 1918 ein zweiter und im Jahre 1924 ein dritte Gebäudetrakt. Der als Station 3b bezeichnete Kraftwerksabschnitt enthielt drei Generatoren mit einer Gesamtleistung von 112.500 PS, wohingegen die zuletzt errichtete Station 3c eine Gesamtleistung von 210.000 PS zu erbringen vermochte. Insgesamt übertraf der Output des dritten Kraftwerks jenen des zweiten um das 13-fache und jenen des ersten um das 251-fache. Da die Kapazität des hydrauli-

---

[57] Website zur Schoellkopf Power Station: https://wikipedia.org/wiki/ Schoellkopf_Power_Station [5. 1. 2019].

[58] Ebd.

schen Kanals schon lange vor der Errichtung des Kraftwerkskomplexes erschöpft war, musste ein neuer Tunnel für die Wasserversorgung der Anlage gegraben werden (Abb. 19 bis 21).[59]

3.3.3 Zusammenbruch der Energieproduktion

Am 7. Juni des Jahre 1956 begann Wasser durch die Hinterwand des Kraftwerks Nr. 3 einzudringen, was schlussendlich einen massiven Riss in der Struktur verursachte. Um 17:00 wurden die Stationen 3b und 3c vollständig überflutet und in den Niagara-Fluss gerissen. Dadurch wurden zwei Drittel des Kraftwerks und insgesamt sechs Generatoren mit einer Gesamtleistung von 300.000 PS vollständig zerstört. Das mit der Anlage in Verbindung stehende Stromnetz hatte als Folge des Einsturzes einen Verlust von 400.000 kW zu verkraften. Der durch die Katastrophe erzeugte Schaden wurde mit insgesamt 100 Mill. US$ beziffert. Die Überreste der beiden Kraftwerkstrakte stürzten nach kurzer Zeit ebenfalls ein oder wurden bald nach dem Unglück maschinell abgetragen.[60]

Station 3a erlitt ebenfalls etliche Schäden, konnte jedoch ihren Betrieb mit abgeschwächter Leistung bis zum Jahre 1961 aufrechterhalten. Ein Jahr später wurde auch diese Struktur vollständig abgetragen, um die amerikanische Seite der Niagara-Fälle wieder ihrem ursprünglichen Erscheinungsbild zuzuführen. Der nach dem Kraftwerkseinsturz von 1956 verursachte Energieengpass wurde zur Gänze durch das Robert Moses Niagara Power Plant kompensiert, dessen Bau im Jahre 1961 in Auftrag gegeben worden war.[61]

Vom Schoellkopf-Kraftwerksensemble ist gegenwärtig nur die noch zu Verschönerungszwecken errichtete Steinwand hinter der ehemaligen Station Nr. 3 erhalten, welche 2013 in das Nationale Register historischer Orte aufgenommen wurde (Abb. 22).

---

[59] Website zur Schoellkopf Power Station: https://wikipedia.org/wiki/ Schoellkopf_Power_Station [5. 1. 2019].
[60] Ebd.
[61] Ebd.

Abb. 19

Ehemaliger Mühlen- und Fabriksdistrikt an den Niagara-Fällen mit der von Schoellkopf errichteten Station 1 rechts unten und der links daneben positionierten Station 2 (Aufnahme um 1900).

Abb. 20

Kraftwerksanlage Nr. 3, welche 1956 in großen Teilen einer Katastrophe zum Opfer fiel.

Abb. 21

Blick in die Generatorhalle der ehemaligen Station Nr. 3 an den Niagara-Fällen (Aufnahme um 1920).

Abb. 22

Steiluferbefestigung am Niagara-Fluss, welche sich hinter dem ehemaligen Kraftwerk Nr. 3 (nicht mehr erhalten) befand.

3.4 Das Edward Dean Adams Power Plant an den Niagara-Fällen im Bundesstaat New York

3.4.1 Allgemeine Bemerkungen und Geschichte

Das Edward-Dean-Adams-Kraftwerk (zu englisch auch Adams Hydroelectric Generating Plant) tritt in der Hydroelektrizitätsgeschichte der Vereinigten Staaten besonders hervor, da es die erste Großanlage mit der Fähigkeit zur Erzeugung von Wechselstrom repräsentierte. Das an den Niagara-Fällen im Bundesstaat New York gelegene Objekt galt ab 1904 mit einer Leistung von 78,3 MW als größtes Kraftwerk der Welt und löste in dieser Funktion das Kraftwerk Deptford in England ab, welches bereits im Jahre 1891 seinen Betrieb aufgenommen hatte.[62]

Der Realisierung des Edward-Dean-Adams-Kraftwerks war eine Idee des Ingenieurs Thomas Evershed vorausgegangen, der im Jahre 1886 den Bau eines 4 km langen Tunnels unter der Stadt Niagara empfahl. Dieses unterirdische Bauwerk sollte zur Sammlung des Unterwassers jener entlang des Flussufers positionierten Industriebetriebe dienen. Für die Umsetzung des Bauprojektes wurde schließlich die Niagara Hydraulic Tunnel Power & Sewer Company gegründet. Die Verwirklichung des Vorhabens scheiterte jedoch an der fehlenden Finanzierung.[63] Im Jahre 1899 übernahm der Finanzier Edward Dean Adams das Unternehmen und formte daraus die Niagara Falls Power Company. Der Unternehmer sah den Bau eines Wasserkraftwerks zusätzlich zum Tunnel vor und gründete zu diesem Zweck eine für die Planung, die Finanzierung und den Bau des Projektes verantwortliche Tochtergesellschaft (Cataract Construction Corporation), welcher im Laufe der Zeit zahlreiche namhafte Geldgeber beitraten.[64]

Im Oktober 1890 begann man mit dem Bau des Unterwassertunnels, dessen Fertigstellung nach zweijähriger Bauzeit gelang. Als nächste Schritte erfolgten die Fertigung der Turbinen nach Plänen der schweizerischen

---

[62] P. Gromosiak, A Brief History of the Edward Dean Adams Power Plant, Niagara Museum, Niagara Falls 2006, 1-6.

[63] Ebd., 1-6.

[64] Ebd., 1-6.

Firma Faesch und Piccard sowie die Errichtung der Turbinengrube, deren Bauarbeiten im Januar 1894 abgeschlossen werden konnten. Bereits im Jahre 1893 hatte man von unternehmerischer Seite her den Entschluss zur Erzeugung von Wechselstrom gefasst, wobei entsprechende Zweiphasen-Generatoren bei Westinghouse Electric in Auftrag gegeben worden waren. Am 26. August des Jahres 1895 nahm das Edward-Dean-Adams-Kraftwerk seinen Betrieb auf. Als erste Großkunden konnten zwei in unmittelbarer Nähe positionierte Fabriken gewonnen werden, welche über einen 2,4 km langen Kabeltunnel aus Beton (Forbes Subway) mit Strom versorgt wurden.[65]

Im Juni des Jahres 1896 wurde die Cataract Power and Conduit Company ins Leben gerufen, deren vornehmliche Aufgabe darin bestand, eine Übertragung des elektrischen Stroms vom Kraftwerk nach Buffalo sicherzustellen. Dort nämlich befand sich die Hauptkundschaft der hydroelektrischen Anlage. Die für den Stromtransport notwendigen Transformatorstationen und 11-kV-Freileitungen wurden von der Firma General Electric hergestellt, die zum damaligen Zeitpunkt bereits über ein gewisses technisches Know-how verfügte. Am 15. November 1896 konnte die gesamte Anlage einschließlich Kraftwerk und Stromnetz ihren Betrieb aufnehmen, wobei in der Anfangsphase noch zahlreiche durch Kurzschlüsse herbeigeführte Ausfälle der Generatoren zu verzeichnen waren. Erst nach und nach kam es zur Installation von Schutzschaltern und Sicherungen, welche einen reibungsloseren Betrieb zur Folge hatten.[66]

Als erster Großkunde in der Stadt Buffalo trat die dort verkehrende Straßenbahn auf, die auf eine elektrische Leistung von 1.000 PS angewiesen war. Die städtischen Industrieunternehmen begegneten der Elektrifizierung zunächst noch mit großer Skepsis, wodurch es nur zu einer sehr zögerlichen Umstellung von der Dampfmaschine auf den Elektromotor kam. Die Konsequenz dieses Verhaltens war freilich, dass die Stromproduktion im Edward-Dean-Adams-Kraftwerk in den ersten Jahren keinen wirtschaftlichen Gewinn abwarf. Erst nach der Errichtung einer dritten Übertragungsleitung und der Anhebung der Transmissionsspannung auf

---

[65] Gromosiak, A Brief History of the Edward Dean Adams Power Plant (Anm. 62), 1-6.
[66] Ebd., 1-6.

22 kV im Jahre 1900 erlebte die Anlage ihren ökonomischen Durchbruch.[67]

Das aus zwei Maschinenhäusern zusammengesetzte Kraftwerk wurde zu Beginn des 20. Jh. mit modernen Maschinensätzen bestückt, welche dessen störungsfreien Betrieb für etliche Jahrzehnte garantieren sollten. Die Anlage wurde schließlich im Jahre 1961 nach 66-Jahriger Betriebszeit stillgelegt. Mit Ausnahme des Transformatorhauses, welches heute unter Denkmalschutz steht, wurden alle baulichen Strukturen des Werks geschleift, so dass moderne industriearchäologische Untersuchungen lediglich auf Basis von umfangreichem Bildmaterial durchgeführt werden können (Abb. 23 bis 27).

3.4.2 Technische Ausstattung und Architektur des Werks

Aus technischer Sicht stellte das Edward-Dean-Adams-Kraftwerk mit seiner Leistung von 78,3 MW eine mittelgroße Anlage dar. Die durchschnittliche hydraulische Fallhöhe bemaß sich auf 41 m, wobei das durch die Schwerkraft beschleunigte Wasser insgesamt 21 Francis-Turbinen anzutreiben vermochte, die ihrerseits mit 21 Wechselstromgeneratoren verbunden waren. Die beiden Maschinenhäuser der Anlage wurden vom Architektenbüro McKim, Mead, and White konzipiert und zeichneten sich durch ihren klassizistischen Baustil mit Backsteinmauern, portalartigen Fenstern und Giebeldach aus. Das zum Antrieb der Turbinen benötigte Wasser wurde duch einen Einlasskanal herangeführt und über einen Unterwasserstollen wieder abtransportiert. Für den Bau dieses 2 km langen Tunnels wurden in Summe 16 Millionen Backsteine verbraucht.[68]

Im Transformatorhaus befanden sich zwei luftgekühlte 930-kVA-Transformatoren, welche aus dem zweiphasigen Wechselstrom der Generatoren einen Dreiphasenwechselstrom mit 11 kV Spannung erzeugten. Die Stromübertragung nach Buffalo erfolgte durch eine 35 km lange Hochleitung, die bereits über einen Blitzschutz verfügte und einen Wirkungsgrad von nahezu 80 % erzielen konnte.

---

[67] Website zum Edward Dean Adams Power Plant: https://de.wikipedia.org/wiki/Edward_Dean_Adams_Power_Plant [5. 1. 2019].

[68] Ebd.

Abb. 23

Historische Aufnahme des Edward-Dean-Adams-Kraftwerks mit den beiden Maschinenhäusern und der Transformatorstation im linken Vordergrund.

Abb. 24

Alte Fotografie des linksseitigen Maschinenhauses (Nr. 2) mit seinem monumentalen, an eine Kathedrale erinnernden Erscheinungsbild.

Abb. 25

Blick in die Maschinenhalle 1 des Edward-Dean-Adams-Kraftwerks mit den von der Firma Westinghouse Electric produzierten Generatoren.

Abb. 26

Blick in die Transformatorstation des Edward-Dean-Adams-Kraftwerks.

Abb. 27

Einzelne Francis-Turbine des Edward-Dean-Adams-Kraftwerks mit entsprechendem Wasserzulauf (links), Wasserablauf (unten) und zugehöriger Antriebswelle für den Generator (oben). Wie die Person am rechten Bildrand recht deutlich zeigt, nahmen die Maschinensätze zur damaligen Zeit bereits gewaltige Dimensionen an, wodurch ihre Leistung letztlich in den zweistelligen Megawattbereich emporkletterte. Die Kraftwerksanlage trug ab dem frühen 20. Jh. einen erheblichen Teil zur Industrialisierung der nahegelegenen Stadt Buffalo bei.

3.5 Die Fulton Hydro Station am Oswego River
(New York)

3.5.1 Allgemeine Bemerkungen und Geschichte

Das alte Wasserkraftwerk in Fulton am Oswego River (Bundesstaat New York) wurde bereits im Jahre 1884 errichtet und zählt somit zu den ältesten hydroelektrischen Anlagen der Vereinigten Staaten. Die kleine Stadt Fulton ist im nördlichen Teil des Bundesstaates zwischen Syracuse und Ontariosee gelegen und wurde im frühen 19. Jh. von einer ersten Phase der Industrialisierung erfasst. Die am anderen Ufer des Oswego River positionierte Ortschaft Oswego Falls wurde im angehenden 20. Jh. in das Gemeindegebiet von Fulton integriert, da die Stadt infolge ihres wirtschaftlichen Aufstiegs eine überproportionale Expansion durchlief. Der Oswego-Fluss entsteht durch das Zusammenfließen von Seneca und Oneida und fließt über eine Länge von etwa 25 km, ehe er in den Ontariosee einmündet. Trotz seiner Kürze avancierte der Fluss zu einer kommerziellen Lebensader für die aufblühende Industrie und damit verbundene Unternehmensansiedlungen.[69]

Der Oswego-Fluss besitzt etliche positive Eigenschaften für den Betrieb einer hydroelektrischen Anlage; neben seinem relativ starken Gefälle (ungefähr 40 m auf 15 km) weist das Gewässer eine stark variierende Flussrate auf, welche von knapp 100 m³/s auf mehr als 2000 m³/s in Zeiten intensiver Schneeschmelze anwachsen kann. Der Fluss ist von zahlreichen Stromschnellen durchsetzt, die das Wasser aufschäumen lassen. Diese wurden in der ersten Hälfte des 19. Jh. durch den Bau von Schleusenanlagen und Kanälen weitestgehend entschärft, wodurch die Region letztendlich in die moderne Ära eintrat.[70]

Nachdem im Jahre 1826 bei Fulton das erste Kanal-Schleusen-System fertiggestellt worden war, siedelten sich am künstlichen Gerinne sukzes-

---

[69]   E. Fulton, Fulton Hydro Station: Partners with the Oswego River Since 1884, in: Hydro Review 10/97 (1997), 2.

[70]   Ebd. 2-3.

sive neue Betriebe an. Zunächst kam es zur Etablierung eines Mahl- und Schleifwerks, welches mit einem Wasserrad betrieben wurde. Die Bauaktivität am Oswego-Fluss wurde bis zum Ende des 19. Jh. fortgeführt und resultierte unter anderem in der Errichtung mehrerer Dammanlagen, welche in weiterer Folge für die hydroelektrische Energiegewinnung genutzt wurden. In den 1880er Jahren vollzog die Stadt Fulton den nächsten Schritt ihrer wirtschaftlichen Entwicklung. Am 24. Juli des Jahres 1880 führte die Grand Rapids Electric Light and Power Company vor Ort eine Demonstration mit 16 Bogenlampen durch, welche von einem mit einer Wasserturbine gekoppelten Dynamo betrieben wurden. Diese kleine Anlage stellte nachweislich das erste stromerzeugende Wasserkraftwerk in den Vereinigten Staaten dar. Ein Jahr später gelangte ein ähnliches Turbinen-Generator-System für die Beleuchtung der Ortschaft Niagara Falls (Bundesstaat New York) zum Einsatz. Mit diesen frühen Projekten gelang es der Hydroelektrizität, ihren dauerhaften Platz als Energielieferant in den Randregionen des Landes zu festigen.[71]

Im Jahre 1884 wurden in der ehemaligen Getreidemühle von Fulton zwei wasserbetriebene Gleichstromgeneratoren installiert, welche eine Leistung von 50 kW und eine elektrische Spannung von 250 V zu liefern vermochten. Die neu entstandene hydroelektrische Anlage wurde von der Fulton Electric Light and Power Company betrieben. Die darin erzeugte Energie wurde zum Antrieb elektrischer Motoren in verschiedenen Fabriken herangezogen, diente aber auch für die Aktivierung der Straßen- und Wohnungsbeleuchtung.[72]

Während der nachfolgenden 15 Jahre wurde die im Fulton-Kraftwerk produzierte elektrische Energie zu einem sehr niedrigen Preis veräußert. Während Unternehmen für den Betrieb jeder Lampe eine Pauschale von 5 US$ pro Monat aufzubringen hatten, mussten Privathaushalte für die erste Lampe 30 Cent pro Monat und für jede weitere 10 Cent pro Monat

---

[71] Fulton, Fulton Hydro Station (Amn. 69), 3.
[72] Ebd., 3-4.

bezahlen. Im Jahr 1901 vollzog das Kraftwerk einen sehr maßgeblichen Entwicklungsschritt, da es von Gleich- auf Wechselstrom umstellte, wodurch auch weiter entfernte Kunden erreichbar wurden. In den nachfolgenden Jahren entstanden am Oswego-Fluss mehrere Laufkraftwerke, die beispielsweise den Strom für eine elektrisch betriebene Eisenbahn lieferten. Die Bahn avancierte in der Folge zum wichtigsten Transportmittel der Region.[73]

Das Fulton-Kraftwerk wechselte im frühen 20. Jh. mehrmals seinen Besitzer und ging in den späten 1920er Jahren in das Eigentum der Niagara Hudson Power Company über. Im Jahre 1950 gelangten alle am Oswego-Fluss ansässigen hydroelektrischen Anlagen unter die Schirmherrschaft der Niagara Mohawk Power Corporation. In den frühen Dekaden des 20. Jh. erzeugte die am Gewässer ansässige Industrie eine signifikante Verschmutzung des Wassers. Alle Arten von Abfällen wurden nicht etwa regelgerecht entsorgt, sondern einfach in den Fluss gekippt. Erst ab den 1950er Jahren erfolgte die Einführung von Klärsystemen und die Modernisierung der Maschinensätze, so dass keine Gefahrenstoffe mehr ins Wasser gelangen konnten.[74]

Eine besondere Rolle wurde dem Oswego-Fluss mit seinen Wasserkraftanlagen in den 1960er Jahren zuteil. Als es an der Ostküste zu einem massiven Stromausfall kam, trennte sich die Region rund um Fulton vom nationalen Stromnetz ab und nahm das historische Kraftwerk in Betrieb. Innerhalb weniger Minuten wurden die betrieblichen und privaten Kunden der ganzen Stadt wieder mit Licht und Energie versorgt. Flugpiloten, welche über diese Gegend flogen, stellten fest, dass Fulton eine kleine Insel des Lichts inmitten eines Meeres der Finsternis, das sich über die Oststaaten erstreckte, repräsentierte.[75]

---

[73] Fulton, Fulton Hydro Station (Amn. 69), 3-4.
[74] Ebd., 4.
[75] Ebd., 4.

3.5.2 Wichtige technische Daten der Kraftwerksanlage

Das am Ostufer des Oswego-Flusses gelegene Kraftwerk steht noch heute im Besitz der Niagara Mohawk Power Corporation mit Sitz in Syracuse (New York). Die von den Generatoren erzeugte Leistung belief sich während der Betriebszeit der Anlage auf lediglich 1,25 MW, was der Kapazität einer hydroelektrischen Kleinstruktur entspricht. Die durchschnittliche Jahresleistung konnte mit 5.356 MWh beziffert werden. Die hydraulische Fallhöhe des 1884 eröffneten Kraftwerks betrug knapp 6 m, wobei über die erste Turbineneinheit rund 200 m³ Wasser pro Sekunde liefen, über die zweite hingegen nur 40 m³ pro Sekunde (Abb. 28 bis 30).[76]

Die als Herzstück der hydroelektrischen Anlage geltende Maschinenhalle verfügt über eine verstärkte Grundstruktur, über welcher sich ein aus Ziegeln und Stahl konstruierter Bau erstreckt. Die Grundmaße des Gebäudes betragen 15 x 12 x 18 m und bieten demzufolge lediglich für zwei Maschinensätze ausreichend Platz. Der aus Steinblöcken gefertigte und mit einer Betonkappe versehene Damm besitzt eine Gesamtlänge von ungefähr 170 m und eine Höhe von 5 m. Über ein mit Schleusen gesteuertes Schachtsystem wird das Wasser zu den einzelnen Turbinen geleitet. Die noch heute sichtbare Staumauer wurde erst im Jahre 1914 erbaut und galt zum damaligen Zeitpunkt als Nachfolger einer Dammkonstruktion, welche der Wasserableitung aus dem zuvor erwähnten Kanal diente.[77]

Die noch gegenwärtig in der Maschinenhalle vorhandenen Turbinen wurden in den Jahren 1928 und 1935 installiert und repräsentieren Schaufelräder mit fester Einstellung und einem Durchmesser von 232,5 cm. Die erste Turbineneinheit ist bei 250 Umdrehungen pro Minute zur Erbringung einer Leistung von 1.100 PS befähigt, während die zweite Einheit bei 200 Umdrehungung pro Minute 600 PS liefert. Die an die Turbinen gekoppelten Dreiphasen-Wechselstromgeneratoren produzieren eine Frequenz von 60 Hz und eine Ausgangsspannung von 2.300 V.[78]

---

[76] Fulton, Fulton Hydro Station (Amn. 69), 3.
[77] Ebd., 3.
[78] Ebd., 3.

Abb. 28

Historisches Fulton Hydro Power Plant am Oswego-Fluss im Bundesstaat
New York (erbaut: 1884).

Abb. 29

Blick in die Maschinenhalle des Kraftwerks mit runderneuerter Anlage.

Abb. 30

Modernisierte Wehranlage des Fulton-Kraftwerks am Oswego-Fluss in der Nähe des Ontariosees. Das in einem Vorbecken gespeicherte Wasser wird über ein mechanisches Schleusensystem zu den Turbinen geleitet, wobei jedes Schaufelrad mit einem gewissen Wasservolumen in Kontakt tritt. Die Turbinen ihrerseits treiben in der Maschinenhalle Dreiphasenwechselstromgeneratoren an, welche den zur Versorgung der näheren Umgebung notwendigen Strom liefern.

3.6 Das Mechanicville Hydroelectric Plant (New York)

3.6.1 Allgemeine Bemerkungen und Geschichte

Dieses bei Mechanicville in Saratoga County (New York) gelegene Wasserkraftwerk ist deshalb von besonderer historischer Bedeutung, weil es die erste Anlage der Welt mit Dreiphasen-Wechselstromgeneratoren darstellte. Als Entstehungsdatum der eindrucksvollen Baustruktur gilt das Jahr 1897, wobei der 7,4 ha messende Kraftwerksdistrikt neben der Maschinenhalle noch einen ungefähr 270 m langen Betondamm umfasst. In der näheren Umgebung der hydroelektrischen Anlage gab es gegen Ende des 19. Jh. ein sprunghaftes Wachstum der Industrie, für welche eine dauerhafte und zuverlässige Stromversorgung garantiert werden musste. Zur Herbeiführung dieses Zustands wurde die Hudson River Power Transmission Company gegründet und mit dem Bau von entsprechenden Hydroelektrizitätswerken beauftragt. Das Einzugsgebiet des Hudson River mit einer Gesamtfläche von 12.000 km² galt zum damaligen Zeitpunkt als prädestiniert für derartige Projekte, da man geeignete Gefälle der Flussläufe und einen weitgehend stabilen Untergrund vorfand.[79]

Der erste Generatortest fand im Mai des Jahres 1898 statt, und bereits drei Monate später erfolgte eine erstmalige Einspeisung des erzeugten Stroms in das umliegende Netz. Das Kraftwerk unterhielt zunächst fünf Turbinen, deren Installation bis zum August 1898 beendet werden konnte. Die als Herzstück der Anlage geltende Maschinenhalle zeichnet sich ansatzweise durch die sogenannte Queen-Anne-Architektur aus, welche einen zur Zeit der englischen Königin Anne entstandenen, barocken Baustil bezeichnet und sich insbesondere im letzten Viertel des 19. Jh. einer überregionalen Beliebtheit erfreute.[80]

In einer ersten Version des Kraftwerks gelangten sieben horizontal orientierte Francis-Turbinen zum Einbau, die jeweils vier Laufradschaufeln mit

---

[79] J. A. Besha, The Historic Mechanicville Hydroelectric Station, Part 2: Changes Through the Years, in: IEEE Industrial Applications Magazine 3,4/2007 (2007), 8.

[80] Ebd., 9.

einem Durchmesser von 104 cm besaßen und eine mechanische Leistung von 1.000 PS zu produzieren vermochten. Diese Maschinen betrieben 750 kW-Generatoren mit 114 Umdrehungen pro Minute. Als Resultat dessen konnte Dreiphasenstrom mit einer Spannung von 12.000 V und einer Frequenz von 38 Hz produziert werden. Im Jahre 1902 kam es aufgrund des Dauerbetriebs der Anlage bereits zu einer Erneuerung der Turbinen. Die neuen Maschinen verfügten nun über eine Leistung von jeweils 1.250 PS (930 kW) und rotierten zudem mit 125 Umdrehungen pro Minute. Der Betrieb der leistungsfähigeren Schaufelräder machte eine Modifikation des Wasserzulaufs notwendig. Die mit den Turbinen verbundenen Generatoren waren ab nun in der Lage, Wechselstrom mit einer Frequenz von 40 Hz zu produzieren. Gemeinsam mit der Modernisierung erfolgte der Einbau einer Dampfmaschine, welche bei niedrigem Wasserstand für zusätzliche Energiekapazitäten sorgen sollte und über einen Riemenantrieb mit einem hydraulischen Generator gekoppelt war. Diese Apparatur gelangte jedoch nur fünf Jahre zur Verwendung. Im Jahre 1932 gab eine Turbine ihren Geist auf, wurde aber nicht mehr ersetzt. Bis 1950 wurde die Rotationsgeschwindigkeit der Schaufelräder durch ein hydraulisches System gesteuert.[81]

Die meiste im Wasserkraftwerk von Mechanicville hergestellte elektrische Energie wurde zum Elektrizitätswerk von Schenectady geleitet. Geringere Ressourcen gelangten bis 1949 auch für lokale Beleuchtungen und Motoren zur Verwendung. Bis zum Jahre 1902 erfolgte die Einstellung der Umdrehungsgeschwindigkeiten aller rotierenden Elemente noch ausschließlich manuell. Zudem dauerte der Austausch einfacher Schaltelemente durch eine modernere Schalttafel bis zum Jahre 1920. Erst 1949 kam es zur Installation zweier Frequenzwechsler, mit deren Hilfe auch Standardnetzwerke mit einer Frequenz von 60 Hz vom Kraftwerk beliefert werden konnten.[82]

In den 1960er Jahren sah der aktuelle Eigner des Wasserkraftwerks von Mechanicville, die Niagara Mohawk Power Company, den Abriss älterer und kleinerer Anlagen zugunsten der größeren Werke vor. Obwohl die

---

[81] Besha, The Historic Mechanicville Hydroelectric Station (Anm. 79), 9.
[82] Ebd., 9.

Demontage des historischen Werks bereits fix eingeplant war, kam es 1985 zu einer maßgeblichen Veränderung der Unternehmensstrategie. Durch den Erwerb einer Gewässernutzungslizenz für einen Zeitraum von 50 Jahren bestand die Notwendigkeit des weiteren Betriebs der Anlage. Dieser wurde somit vorerst bis zum Jahre 1997 fortgeführt; danach sah man die Konkurrenzfähigkeit und Rentabilität des Wasserkraftwerks nicht mehr als gegeben an. Im Jahre 2003 wurde die historische Anlage von der Albany Engineering Company übernommen, welche umfangreiche Reparaturen an den Baustrukturen und Modernisierungsarbeiten vornehmen ließ. Durch die Renovierung konnte das originale Erscheinungsbild der Maschinenhalle konserviert werden. Heute dient ein Teil des Kraftwerks als Museum zur Hydroelektrizitätsgeschichte Amerikas, während ein anderer Teil nach wie vor für die Stromgewinnung eingesetzt wird.[83]

3.6.2 Wichtige technische Daten der Kraftwerksanlage

Die Baustrukturen der Kraftwerksanlage setzen sich aus einem 270 m langen Wasserzulauf, einem 270 m langen und 6,1 m hohen Damm und der bereits ausführlich beschriebenen Maschinenhalle zusammen. Letztere verfügt über eine Länge von 67 m und eine Breite von 15 m und wurde aus verstärktem Beton errichtet. Die horizontal montierten Turbinen sind in eigenen Schachtkonstruktionen untergebracht, welche sich zur damaligen Zeit als hocheffizient herausgestellt hatten und deshalb zum Patent angemeldet wurden. Das der hydroelektrischen Anlage zugrundeliegende Design wurde in späterer Zeit von zahlreichen anderen Kraftwerken übernommen. Die maximale Ausgangsleistung des Mechanicville Hydroelectric Plant beläuft sich auf 5.250 kW und zeugt damit von einer eher kleindimensionierten Struktur. Der dreiphasige Wechselstrom wird über eine knapp 30 km lange Leitung transportiert, ehe seine Einspeisung in das lokale Netz erfolgen kann. Das Kraftwerk gehört bereits seit 1989 den relevanten Lokalitäten der amerikanischen Industriegeschichte an (Abb. 31 bis 36).[84]

---

[83] Besha, The Historic Mechanicville Hydroelectric Station (Anm. 79), 9-10.
[84] Ebd., 9.

Abb. 31

Historische Fotografie des im Jahre 1897 errichteten Wasserkraftwerks in Mechanicville im Bundestaat New York. Die Anlage zeichnete sich durch den erstmaligen Betrieb von Dreiphasen-Wechselstromgeneratoren aus.

Abb. 32

Alte Aufnahme der Maschinenhalle des Wasserkraftwerks von Mechanic-ville mit ihren fünf Wechselstromgeneratoren.

Abb. 33

Moderne Aufnahme des Wasserkraftwerks von Mechanicville mit Maschinenhalle (links) und Wehranlage (rechts).

Abb. 34

Detailaufnahme der Wehranlage des Kraftwerks.

Abb. 35

Alte Francis-Turbinen vor der Kraftwerkshalle.

Abb. 36

Alte Schalttafel des Kraftwerks von Mechanicville mit einzelnen Elementen aus dem Jahre 1897.

3.7 Die Bridge Mill Power Station im Bundesstaat Rhode Island

3.7.1 Allgemeine Bemerkungen und Geschichte

Rhode Island spielt in der Geschichte der Vereinigten Staaten eine besondere Rolle, da es als Geburtsstätte der amerikanischen industriellen Revolution gilt. In der Ortschaft Pawtucket entstand im Jahre 1793 die erste Fabrik („Slater Mill"), in welcher aus Rohbaumwolle Garn gesponnen wurde. Die Spinnerei wurde von der Kraft des Blackstone River angetrieben, der im 19. Jh. die Lebensader zahlreicher weiterer Industriebetriebe darstellte und als „am härtesten arbeitender Fluss in Amerika" gepriesen wurde.[85]

In den 1890er Jahren begannen die Industriellen Lyman und Darius Goff unweit der alten Slater Mill mit dem Bau der Bridge Mill Power Station, welche bereits von deren Vater geplant worden war. Nachdem die Gebrüder bis dahin keine Erfahrung im Elektrizitätsgeschäft gesammelt hatten, strebten sie eine geschäftliche Verbindung mit der örtlichen Pawtucket Gas Company an. Als Folge dieses Schritts kam es zur Gründung der Pawtucket Electric Company, in der das Bridge Mill-Kraftwerk zum Vorzeigeprojekt avancierte.[86]

Die offizielle Inbetriebnahme der hydroelektrischen Anlage erfolgte am 1. Mai 1896, wobei zunächst noch Wasser und Dampf für die Elektrizitätsproduktion zum Einsatz gelangten. In manchen Fachpublikation wurde das Objekt als „vorzüglichstes Wasserkraftwerk in New England" gepriesen, womit man einerseits auf dessen gelungene Kombination von Wasser- und Dampfkraft, andererseits aber auch auf dessen unverkennbares architektonisches Design Bezug nehmen wollte. Als erster Abnehmer des in der Anlage erzeugten elektrischen Stroms trat die Interstate Street Railway auf. Bald darauf wurde die gesamte Stadt Pawtucket mit Elektrizität versorgt. Im Jahre 1915 verfügte das Kraftwerk bereits über so ho-

---

[85] T. B. McLeish, Bridge Mill Power Station: Linking the Industrial Revolution to Modern Technology, in: Hydro Review 9/96 (1996), 6.

[86] Ebd., 6.

he Kapazitäten, dass es auch 75 % des Energiebedarfs im nahegelegenen Ort Woonsocket abzudecken vermochte.[87]

Das Bridge Mill-Kraftwerk blieb die meiste Zeit seines Bestehens relativ unverändert. In seiner Frühphase produzierte die Anlage noch ausschließlich Gleichstrom, der für den Betrieb einiger städtischer Aufzüge und die Aktivierung der Straßenbeleuchtung zur Nutzung gelangte. Im Jahre 1910 wurde eine teilweise Umstellung auf Wechselstrom vorgenommen, um mit den technischen Entwicklungen Schritt halten zu können. Zwei Jahre später vereinigten sich die örtlichen Energieunternehmen zur Blackstone Valley Gas & Electric Company (BVG&E). Erst im Jahre 1964 wurde der Gassektor infolge geringerer Rentabilität vom Konzern abgestoßen.[88]

Das Bridge Mill-Kraftwerk stand im frühen und mittleren 20. Jh. stets im Zentrum des Energieunternehmens. Während ein Teil des Gebäudes der Elektrizitätsproduktion diente, wurden in anderen Trakten Reparaturarbeiten aller Art erledigt, Bestandsaufnahmen durchgeführt und Arbeiter untergebracht. Jene Männer, welche in den 1940er und 1950er Jahren in der Anlage tätig waren, hinterließen der Nachwelt zahlreiche Geschichten zu ihrem Tagesverlauf: So fischte man in den Kaffeepausen im Vorbecken des Kraftwerks. Durch die Abwässer der flussaufwärts gelegenen Textilfabriken wurde das Wasser zeitweise grün, blau und rot gefärbt. An einem Tag riss der 45 cm breite Antriebsriemen; dieser schlug ein großes Loch durch die Vordertür des Gebäudes und landete schließlich auf dem Parkplatz. Die meisten Geschichten erzählte man sich jedoch über das Reinigen jener Stahlkämme, welche den Wasserzufluss zu den Turbinen aussiebten und allerlei Gegenstände unterschiedlicher Größe enthielten. Diese Arbeit stieß bei den Angestellten auf großes Missfallen, da sie zum damaligen Zeitpunkt mit allen möglichen Gefahren verbunden war.[89]

Im Jahre 1971 wurde das Wasserkraftwerk aufgrund der hohen Kosten, welche für die Instandhaltung der alten Apparaturen aufzuwenden waren,

---

[87] McLeish, Bridge Mill Power Station (Anm. 85), 6.
[88] Ebd., 6.
[89] Ebd., 6.

außer Funktion gestellt. Damit ging letztlich eine 75-jährige Betriebszeit zu Ende. Nachdem 1973 der Preis für fossile Energieträger als Folge des Ölembargos rasant angestiegen war, bekundete man von Betreiberseite wiederum erhöhtes Interesse an einer Revitalisierung der hydroelektrischen Anlage. Im Jahre 1980 gab Blackstone Valley Electric Pläne für Wiedereröffnung der Bridge Mill Power Station bekannt und begann drei Jahre später mit entsprechenden Restaurationsarbeiten. Diese fanden im Jahre 1985 ihren Abschluss. Währenddessen wurde das Kraftwerk in das nationale Register historischer Denkmäler aufgenommen und als „eines der frühesten noch erhaltenen Objekte zur elektrischen Stromproduktion" klassifiziert. Man gelangte ferner zu der Ansicht, dass es sich hierbei um „eines der vorzüglichsten Beispiele dieses Bautyps aus dem 19. Jh. handle, welches nach wie vor in Rhode Island besichtigt werden kann."[90]

Die Instandsetzungsarbeiten beinhalteten unter anderem die Installation zweier moderner Generatoren und die vollständige Automatisierung der Anlage. Letzterer Prozess schloss auch die automatische Reinigung der vor den Turbinenschächten befindlichen Filtergitter mit ein. Heute besitzt das Bridge Mill-Kraftwerk mit seiner durchschnittlichen Jahresleistung von 7.200 MWh vor allem die Aufgabe, in Zeiten erhöhten Strombedarfs zusätzliche Elektrizität zur Verfügung zu stellen. Mit der Anlage wird das Vorhaben des Betreiberkonzerns unterstützt, eine nachhaltige Umstellung auf erneuerbare Energien zu realisieren.[91]

Am 1. Mai 1996 feierte die Bridge Mill Power Station ihr hundertjähriges Bestehen, das mit der Eröffnung des gleichnamigen Museums in der ursprünglichen Generatorhalle seine ausführliche Würdigung erfuhr. Unter den Ausstellungsstücken des Museums befinden sich die originalen Maschinensätze mit Turbinen, Generatoren und Schalttafeln. Einige dieser Apparaturen wurden durch einen ansässigen Maschinenexperten wieder betriebsfertig gemacht.

---

[90] McLeish, Bridge Mill Power Station (Anm. 85), 7.
[91] Ebd., 7.

3.7.2 Wichtige technische Daten der Kraftwerksanlage

Das am Westufer des Blackstone River und am Rand von Pawtucket gelegene Bridge Mill-Kraftwerk verfügt über eine Kapazität von lediglich 1,7 MW und ist damit als relativ kleindimensioniertes Objekt seiner Art einzustufen. Die hydraulische Fallhöhe des zu den Turbinen geleiteten Wassers beläuft sich auf ungefähr 5,5 m. Durch den in den 1980er Jahren modernisierten Maschinensatz kann eine mittlere Jahresleistung von 7.200 MWh generiert werden, was einen gewissen Bedarfsteil der Kleinstadt Pawtucket abdeckt.[92]

Das aus Ziegeln und Granitblöcken errichtete Kraftwerkshaus misst etwa 55 m in seiner Länge und 30 m in seiner Breite und blieb seit seiner Erbauung im Jahre 1896 nahezu unverändert. Nach außen hin präsentiert es sich als mehrgeschossiges Gebäude mit großen, portalähnlichen Fenstern im Erdgeschoss und flachem, hinter die Frontfassade zurücktretendem Dach. Ein großer Schornstein deutet auf die ursprüngliche Funktion der Anlage als Dampfkraftwerk und die dazugehörige Verbrennung von Braunkohle hin (Abb. 37 bis 39).[93]

Die Turbinen werden über stählerne Hochdruckleitungen, deren Durchmesser knapp 10 m beträgt, mit Wasser versorgt. Die Wasserzufuhr wird über ein mechanisches Schleusensystem geregelt. Als Schaufelräder dienen Kaplan-Turbinen, welche in einem gewissen Winkel zum Wasserstrom stehen und von der österreichischen Firma Voest-Alpine produziert wurden. Im Spitzenbetrieb erreichen sie eine Rotationsgeschwindigkeit von 200 Umdrehungen pro Minute. Bei den die Turbinen gekoppelten Induktionsmaschinen handelt es sich um Dreiphasen-Wechselstromgeneratoren, die zur Erzeugung einer Gesamtspannung von 4.160 V befähigt sind. Der Transport des im Kraftwerk produzierten Stroms erfolgt über 4,16 kV-Leitungen zu entsprechenden Transformatorstationen in Pawtucket.[94]

---

[92] McLeish, Bridge Mill Power Station (Anm. 85), 7.

[93] Ebd., 7.

[94] Ebd., 7.

Abb. 37

Historische Fotografie aus dem Jahre 1894 mit jener Baustelle, an welcher das Bridge Mill-Kraftwerk entstand.

Abb. 38

Alte Aufnahme (ca. 1896) der Maschinenhalle des Kraftwerks.

Abb. 39

Historische Fotografie des fertiggestellten Bridge Mill-Kraftwerks mit prominenter, architektonisch eindrucksvoller Maschinenhalle im Vordergrund und Schornstein im Hintergrund.

3.8 Das Bull's Bridge Hydroelectric Plant in Connecticut

3.8.1 Allgemeine Bemerkungen und Geschichte

Das am Housatonic River im nordöstlichen Bundesstaat Connecticut errichtete Wasserkraftwerk liegt inmitten einer Naturlandschaft und blickt mittlerweile auf eine mehr als 115-jährige Geschichte zurück. Nachdem Ende der 1880er Jahre schon etliche Kraftwerksprojekte in den benachbarten Bundesstaaten in die Realität umgesetzt worden waren, wurde im Jahre 1893 die New Milford Power Company damit beauftragt, am oben genannten Fluss in der Nähe der Bull's Falls eine Liegenschaft für den Bau einer hydroelektrischen Anlage zu erwerben. Dieser Prozess nahm freilich einige Jahre in Anspruch, konnte aber schließlich unter tatkräftiger Mitwirkung von Senator Nicholas Straub, welcher gleichzeitig auch Bewohner der nahegelegenen Stadt Milford war, zu einem positiven Abschluss gebracht werden. Im Jahre 1900 wurde die Milford Power Company von Walter Scott Morton übernommen, der sogleich seine finanziellen Ressourcen unter Mitwirkung mehrerer Mitgesellschafter auf den Bau des Kraftwerks konzentrierte.[95]

Der ursprüngliche Plan sah den Bau eines Dammes direkt oberhalb der Anlage vor. Nachdem dieses Vorhaben aus kommerziellen Gründen verworfen worden war, entschloss man sich für die Errichtung eines Kanals östlich des Housatonic River. Die Hauptaufgaben dieses künstlichen Gerinnes sollten darin bestehen, die zahlreichen Windungen des Flusses zu umgehen und eine hydraulische Fallhöhe von knapp 40 m zu erzeugen, welche eine entsprechende Kraft auf die Turbinen ausüben könnte. Im Frühjahr 1902 wurde schließlich mit den Bauarbeiten begonnen, wobei vor allem Italiener, Iren und einige Schaghticoke-Indianer als Arbeitskräfte rekrutiert wurden. Die Arbeiter wurden zu Gruppen von 20 bis 30 Männern zusammengefasst, die jeweils unter der Leitung eines Vorarbeiters

---

[95] Website zum Bull's Bridge Hydroelectric Plant: http://www.bullsbridge.com/Hydroelectric_Plant_Story.htm [5. 1. 2019].

standen. Ihre Nächte verbrachten sie in einfachen, entlang der Route 7 aufgebauten Holzhütten. Bereits ein Jahr später konnte die hydroelektrische Anlage fertiggestellt und in Betrieb genommen werden.[96]

Das Bull's Bridge Hydroelectric Plant war für damalige Verhältnisse sehr weit von den Strombeziehern entfernt. Die Distanz zur nächsten größeren Stadt, Waterbury, betrug ungefähr 40 km. Dort sollten unter anderem die Straßenbahn und zahlreiche Wohnhäuser mit Elektrizität versorgt werden. Zu diesem Zweck erfolgte letztendlich der Bau einer oberirdischen Hochspannungsleitung, mit deren Hilfe der Strom über weitere Strecken transportiert werden konnte.[97]

3.8.2 Entstehung der einzelnen Kraftwerksbestandteile und technische Daten

Der mit dem Kraftwerk über besagten Kanal in Verbindung stehende Damm wurde etwa 3 km flussaufwärts errichtet. Die leicht hufeisenförmige Staumauer stellt eine Komposition aus Portland-Zement und Gesteinsblöcken dar, von denen einige eine Masse von etwa 2,5 t aufweisen. An seiner Spitze setzt sich der Damm aus mit groben Kieskomponenten durchsetztem Beton zusammen, welcher dem Bauwerk zusätzliche Stabilität zu verleihen vermag. Die Länge des Bauwerks bemisst sich auf rund 70 m, während dessen Höhe knapp 7 m beträgt. In späterer Zeit wurde noch ein zweiter Damm (Spooner Dam) in ähnlicher Bauweise konstruiert, dessen Hauptaufgabe in einer Effizienzsteigerung der Anlage bestand.[98]

Der die Verbindung zwischen Damm und Kraftwerkshaus bildende Kanal setzt am Hauptdamm an und verfügt über hohe, aus Steinblöcken errichtete Mauern. Das obere Schleusensystem mit entsprechendem Betriebshaus ist gegenwärtig nur mehr zum Teil erhalten. Von dort erstreckt sich

---

[96] Website zum Bull's Bridge Hydroelectric Plant: http://www.bullsbridge.com/Hydroelectric_Plant_Story.htm [5. 1. 2019].

[97] Ebd.

[98] Ebd.

das künstliche Gerinne über eine Distanz von 3 km, wobei Wasser in ein ebenfalls durch Schleusen kontrolliertes Vorbecken transportiert wird. Etwa ein Drittel des Kanals musste durch Sprengungen aus Festgestein herausgearbeitet werden, wodurch sich etliche Verzögerungen des Bauprojekts ergaben. Das schwere Gesteinsmaterial wurde mit großen, dampfbetriebenen Lastkränen entfernt und andernorts als Füllsubstanz verwendet. Der Kanal wies bereits nach einigen Jahren zahlreiche Wasseraustrittsstellen auf. Im Jahre 1941 wurde er deshalb vollständig entleert und an der Innenseite mit Spritzbeton ausgekleidet. Diese Abdichtungsarbeiten wurden in weiterer Folge auch an den Dämmern durchgeführt.[99]

Das oberhalb des Maschinenhauses befindliche Wasserschloss ist über ein Druckleitungssystem mit den Turbinenschächten verbunden. Die Stahlrohre wurden im Laufe der Zeit mehrmals modernisiert, um die auf die Schaufelräder wirkende Kraft kontinuierlich zu steigern. Das Hauptgebäude der hydroelektrischen Anlage besteht zur Gänze aus Beton und misst ungefähr im Grundriss 40 x 16 m. Neben einer Haupthalle mit Turbinen und Generatoren gibt es noch einen Kontrollraum, welcher die Schalttafeln enthält. Die elektrische Ausstattung des Kraftwerks stammt zu einem guten Teil noch vom Anfang des 20. Jh. (Abb. 40 bis 42).[100]

Die im Bull's Bridge Hydroelectric Plant erzeugte Kapazität beläuft sich auf 8,4 MW, womit die Anlage mittlere Dimensionen annimmt. Die durchschnittliche Jahresleistung beträgt demzufolge etwa 45 GW. In seiner Anfangszeit besaß das Kraftwerk eine Kapazität von lediglich 6 MW, wobei die Stromleitungen mit einer Hochspannung von 33,5 kV gespeist wurden. Heute bildet es am Housatonic River mit vier weiteren Hydroelektrizitätswerken, welche zwischen 1905 und 1955 errichtet wurden, einen erfolgreich operierenden Stromverbund.[101]

---

[99]   Website zum Bull's Bridge Hydroelectric Plant: http://www.bullsbridge.com/Hydroelectric_Plant_Story.htm [5. 1. 2019].
[100]   Ebd.
[101]   Ebd.

Abb. 40

Historische Aufnahme des Bull's Bridge Hydroelectric Plant am Housatonic River im Bundesstaat Connecticut.

Abb. 41

Alte Wehranlage am Damm des Bull's Bridge-Kraftwerks.

Abb. 42

Blick aus der Luft auf das gesamt Kraftwerksensemble mit Wasserschloss und oberen Schleusen im Hintergrund, Hochdruckleitung in der Mitte, daran anschließender Maschinenhalle mit Turbinen und Generatoren und Transformatorstation am rechten Bildrand. Mit Ausnahme des Hauptgebäudes mit seinen teils klassizistischen Stilkomponeneten wurden alle Teile der Anlage mehreren Modernisierungsprozessen unterzogen, was letztendlich zu einer 30 %igen Effizienzsteigerung geführt hat.

3.9 Die hydroelektrische Anlage in Sault Ste. Marie (Michigan)

3.9.1 Allgemeine Bemerkungen und Geschichte

Das Saint Marys Falls Hydropower Plant (kurz: „Soo") repräsentiert eine historische Wasserkraftanlage im Bundesstaat Michigan, welche bereits kurz nach ihrer Eröffnung große Mengen an elektrischer Energie produzierte und bis zum heutigen Tag in Betrieb steht. Der Baubeginn von Wasserzulauf und Generatorhalle erfolgte im September 1898; die Fertigstellung des riesigen Werkskomplexes lässt sich in den Juni des Jahres 1902 datieren. Als offizieller Eröffnungstermin wurde der 25. Oktober 1902 veranschlagt. Die Prominenz wurde mit Sonderzügen zum Schauplatz des Geschehens gebracht. Für die Feierlichkeiten, an denen insgesamt 5.000 Menschen teilnahmen, wurde das Obergeschoss des Hauptgebäudes verwendet. Zunächst wurde das neu errichtete Bauwerk mit der Bezeichnung „Edison Sault" versehen, obwohl Thomas Alva Edison gar nicht für dessen Bau verantwortlich zeichnete.[102]

Das Kraftwerksgebäude wurde aus Stahl und rotem Sandstein konstruiert, wobei die Entnahme des Steinmaterials aus dem Zulaufkanal erfolgte. Die Anlage ist ungefähr 410 m lang und misst etwa 20 m in der Breite. Sie enthält 74 Turbinen mit horizontal orientierter Rotationswelle, an welche jeweils ein Generator mit einer Drehzahl von 180 Umdrehungen pro Minute angeschlossen ist. Das aus dem Zulaufkanal stammende Wasser wird durch ein komplexes Wehrsystem gleichmäßig auf die einzelnen Turbinen verteilt und rinnt nach der Passage des Werks direkt in den Saint Marys River. Der Bau der hydroelektrischen Anlage wurde nach Plänen des lokal ansässigen Architekten D. J. Teague durchgeführt. Das romanisch anmutende Design setzt sich aus drei durch lange Quertrakte verbundene Pavillons zusammen. Ein Satteldach wirkt optisch der enormen Länge des Bauwerks entgegen und verleiht dem Kraftwerk gemeinsam

---

[102] C. Warman, The Giant Growth of the „Soo". Wonderful Industrial Plants Created by the Power Canals of Sault Ste. Marie, in: The American Monthly Review of Reviews XXVI (6) (1902), 689-693.

mit den klassizistischen Fassadenelementen einen Ausdruck von Stabilität und ökonomischer Bedeutung. Letzterer Umstand gelangte unter anderem dadurch zum Ausdruck, dass die Anlage im Jahre 1911 vom US-Präsidenten William Howard Taft in Augenschein genommen wurde. Zulaufkanal und Kraftwerk wurden im Jahre 1983 zu Denkmälern der historischen Zivilingenieurstechnik auserkoren (Abb. 43 bis 48).[103]

Der in einem Zeitraum von vier Jahren fertiggestellte Zulaufkanal wurde ursprünglich in Holz gefasst, um eine Verstärkung und Stabilisierung seiner Struktur herbeizuführen. Der Wasserweg besitzt eine Gesamtlänge von etwa 3,5 km und verfügt zudem über eine Tiefe von 10 m und eine durchschnittliche Breite von 80 m. Er sorgt dafür, dass dem Kraftwerk ungefähr 4.000 m³ Wasser pro Sekunde zugeführt werden.[104]

Im östlichen Trakt des Wasserkraftwerks ist gegenwärtige das Aquatic Research Laboratory (ARL) der Lake Superior State University (LSSU) untergebracht. Dessen Hauptaufgabe besteht im Wesentlichen darin, den Fischbestand des St. Marys River und seine mögliche Beeinflussung durch die nahegelegenen Industrieanlagen zu ermitteln. Jährlich werden ungefähr 25.000 Lachse in den Fluss ausgesetzt, um dessen natürliche Aquafauna so weit wie möglich zu erhalten. Studenten und Forscher des ARL produzieren jedes Jahr eine Vielzahl an wissenschaftlichen Arbeiten zur Ökologie und zum Schutz großer Fließgewässersysteme.[105]

3.9.2 Wichtige technische Daten der Kraftwerksanlage

Die hydroelektrische Anlage ist gegenwärtig unter günstigen Betriebsbedingungen in der Lage, eine Leistung von 36 MW (36.000 kW) zu erbringen. Dieser elektrische Output hängt in erster Linie von jenem Wasservolumen ab, welches durch den Zulaufkanal an das Kraftwerk geführt und über das Wehrsystem durch die Turbinenschächte geleitet wird. Zudem

---

[103] A. Neville, Top Plants: Edison Sault Hydroelectric Plant Sault Ste. Marie, Michigan, in: Power 12/2009 (2009), https://www.powermag.com /top-plants-edison-sault-hydroelectric-plant-sault-ste-marie-m ichigan/ [5. 1. 2019].

[104] Ebd.

[105] Ebd.

spielt die Höhendifferenz zwischen Wasserzulauf (Kanal) und -ablauf (St. Marys River) eine entscheidende Rolle. Diese entspricht dem Niveauunterschied zwischen Oberem See und unteren Großen Seen.[106]

Wie bereits im letzten Abschnitt angemerkt wurde, verfügt das Kraftwerk über 74 Dreiphasengeneratoren, welche mit Spannungen von je 4.400 V operieren und eine Stromleistung von 600 bis 850 kVA zu erbringen vermögen. Dies entsprecht etwa jener Elektrizität, die von zwei großen Kaufhäusern in Anspruch genommen wird. Das über eine Fallhöhe von rund 6 m auf die Turbinen treffende Wasser bewirkt eine mechanische Leistung von 772 bis 935 PS pro Schaufelrad. Zur Errichtungszeit des Kraftwerks wurden die Turbinen von insgesamt drei Produzenten angeliefert. Mittlerweile ist im Haus eine eigene Werkstatt für eventuelle Reparaturarbeiten an einzelnen Teilen des Antriebssystems eingerichtet. Die von lediglich 12 Personen beaufsichtigte Anlage generiert zwischen 25 und 30 MW Elektrizität und kommt auf eine Jahresstromleistung von 225 Mill. kWh. Sie produziert damit ungefähr ein Fünftel jener elektrischen Energie, welche in der näheren Umgebung (obere Halbinsel) verbraucht wird.[107]

Der von der Anlage erzeugte Strom wird in das Netz der Betreiberfirma Cloverland Electric Cooperative (gegr. 1938) geleitet, welche neben der Stammhalbinsel des Werks selbst auch noch die umliegenden Inseln mit elektrischer Energie versorgt und dabei einen Jahresbedarf von etwa 900 Mill. kWh abdeckt. Im Winter vermag das Wasserkraftwerk jene Wärmeenergie zur Beheizung der Hallen und Arbeitsräume autonom zu produzieren, wodurch eine Minimierung von zusätzlichen Betriebskosten herbeigeführt wird. Erwähnenswert ist zuletzt sicherlich noch der Umstand, dass die Hälfte der hölzernen Turbinenlager bis zum heutigen Tag in Gebrauch steht. Ihre enorme Stabilität rührt in erster Linie daher, dass sie aus einem seltenen und sehr dichten Holz gefertigt wurden, das in Zentral- und Südamerika vorgefunden werden kann.[108]

---

[106] Neville, Top Plants: Edison Sault Hydroelectric Plant Sault Ste. Marie (Anm. 103).
[107] Ebd.
[108] Ebd.

Abb. 43

Hydroelektrische Anlage in Sault Ste. Marie (Michigan) an der Grenze zwischen den Vereinigten Staaten und Kanada. Von links fließt der Einlaufkanal heran, welcher die Turbinen mit Wasser versorgt.

Abb. 44

Blick auf die 410 m lange Kraftwerkshalle mit ihrem romanischen Baustil.

Abb. 45

Historische Aufnahme zu den Bauarbeiten an den Wassereinläufen des alten Kraftwerks.

Abb. 46

Feierliche Eröffnung des Kraftwerks im Oktober des Jahres 1902.

Abb. 47

Historische Fotografie mit Blick in die Maschinenhalle des Kraftwerks mit ihren 74 Dreiphasengeneratoren.

Abb. 48

Historische Aufnahme von Bauarbeiten am Zulaufkanal zum Kraftwerk. Kanalsohle und Böschung wurden eigens mit Baustammen ausgelegt.

3.10 Die Vulcan Street Hydroelectric Station in Wisconsin

3.10.1 Allgemeine Bemerkungen und Geschichte

Wie bereits in Kapitel 2 dargestellt wurde, handelt es sich bei der hydroelektrischen Anlage in der Vulcan Street in Appleton (Bundesstaat Wisconsin) um das vermutlich älteste Wasserkraftwerk der Welt. Der durch die Stadt fließende Fox River galt seit der Besiedlung Amerikas durch die Europäer als bekannte Naturattraktion, welche im Jahre 1882 eine Gruppe von Industriellen zum Bau des besagten Kraftwerks inspirieren sollte. Diese Inspiration gründete unter anderem auch darauf, dass man als Bewohner der Stadt Appleton mit der Kraft des Fox River und dessen Fähigkeit zum Antrieb größerer Fabrikmaschinen vertraut war. Die Errichtung der für heutige Verhältnisse noch sehr bescheidenen Anlage erfolgte unter reger Mitwirkung der Edison Light Company, die zum damaligen Zeitpunkt das Non-Plus-Ultra der Elektrizitätstechnik repräsentierte.[109]

Die Geschichte des Vulcan Street-Kraftwerks ist untrennbar mit H. J. Rogers, dem Eigner einer Papiermühle in Appleton, verbunden. Ein Freund des Unternehmers, der als oberster Vertreter der Western Edison Light Company of Chicago galt, setzte Rogers von einem Elektrizitätswerk in der Pearl Street in New York in Kenntnis, welches Strom für die Beleuchtung von Straßen und Häusern lieferte. Der lokal ansässige Geschäftsmann fasste daraufhin den Beschluss, die mit etwa 12.000 PS zu bemessende Stärke des Fox River für den Antrieb eines „Lichtwerks" zu nutzen und damit den Sprung von der Dampf- zur Wasserkraft zu wagen.[110]

Gemeinsam mit drei anderen Unternehmern gründete Rogers wenig später die Appleton Edison Light Company Ltd. Mit dem darin verwalteten Kapital wurden zwei Generatoren (Edison-Dynamos vom Typ „K") mit einer Leistung von jeweils 12,5 kW angeschafft. Innerhalb weniger Wochen konnte das Kraftwerk fertiggestellt und die darin befindliche Gerätschaft

---

[109] E. Kleckner, Vulcan Street Hydroelectric Station: World's First Hydroelectric Plant, in: Hydro Review 9/96 (1996), 2.

[110] Ebd., 2.

installiert werden. Der erste Generator wurde zunächst mit den Wasserrädern der Zellstoff-Schlagmühle von Rogers verbunden. Einige in der Nähe des Kraftwerks positionierte Gebäude wurden verkabelt, um die neu produzierte elektrische Energie für die Beleuchtung zu erhalten. Am 30. September 1882 schließlich nahm die Anlage ihren Betrieb auf und startete mit der Stromeinspeisung in das noch sehr bescheiden strukturierte Netz.[111]

Nach einigen Monaten Laufzeit wurde von den Betreibern der hydroelektrischen Anlage der Entschluss gefasst, den Generator an ein separates Wasserrad anzuschließen, um die Gesamteffizienz des aus Kraftwerk und Fabriken bestehenden Ensembles noch zusätzlich zu steigern. Bereits im November 1882 war ein vollständig neues Generatorhaus errichtet worden, welches über ein unabhängiges Wasserrad verfügte und damit zur Erzeugung einer konstanten Spannung befähigt war – ein weiterer Schritt in der elektrotechnischen Evolution. Ende des Jahres 1882 besaß die Anlage fünf Stromabnehmer: Rogers selbst, zwei zusätzliche Wohnhäuser, einen Hochofenbetrieb und ein in der Stadt ansässiges Hotel.[112]

Da es zum damaligen Zeitpunkt noch keine Spannungsmessgeräte und -regulatoren in der Anlage gab, wurde die Stärke des erzeugten Stroms mit einfachen Kontrolllampen geprüft. Sobald dort das Licht zu flackern begann, erhöhte der Betriebsleiter die Wasserzufuhr zum Schaufelrad, um ein wenig mehr Energie zu erzeugen.[113] Ein noch wesentlich leistungsstärkeres Wasserkraftwerk mit 190 kW fand in der Mitte der 1880er Jahre seine Realisierung. Diese Anlage verfügte über ein entsprechendes Regulations-, Sicherungs- und Dreikabel-Verteilungssystem. Das Kraftwerk stand ungefähr 15 Jahre lang in Betrieb, ehe es im beginnenden 20. Jh. einem Brand zum Opfer fiel.[114] Bereits 1908 erfolgte die Errichtung eines neuen Hydroelektrizitätswerks unweit vom ursprünglichen Standort, das sich ebenfalls mit dem Namen der ersten in Appleton eröffneten Anlage

---

[111] Kleckner, Vulcan Street Hydroelectric Station (Anm. 109), 2.
[112] Ebd., 2.
[113] Ebd., 2-3.
[114] Ebd., 3.

schmückte. Dieses Objekt der zweiten Generation wurde von der Kimberly-Clark Corporation erbaut und sollte in erster Linie der Stromversorgung der firmeneigenen Liegenschaften dienen. Das neue Bauprojekt umfasste die Installation von zwei Sampson-Turbinen mit einem Durchmesser von 153 cm, welche die mechanische Energie über eine Horizontalwelle auf die Generatoren übertrugen. Im Jahre 1916 wurden diese Maschinensätze durch eine noch wesentlich leistungsstärkere Ausstattung ersetzt.[115] Das im Jahre 1908 errichtete Wasserkraftwerk stand bis 1974 in Betrieb, wurde jedoch schließlich aufgrund zu hoher Instandhaltungs- und Betriebskosten geschlossen. Gegenwärtig sind nur mehr einige bauliche Reste dieser alten Anlage vorhanden, welche in den Vulcan Heritage Park aufgenommen wurden. Hier wird anhand von Schautafeln und Lehrpfaden die Bedeutung der Stadt Appleton in der Geschichte der Hydroelektrizität unterstrichen. Zudem wird eine Verbindung des Erfinders Thomas Alva Edison zu den alten Objekten hergestellt.[116]

3.10.2 Wichtige technische Daten der Kraftwerksanlage

Auf die technischen Spezifikationen der alten Anlage wurde bereits hingewiesen. Das zuletzt erbaute Kraftwerk besaß in seiner Blütezeit zwei Leffel-Turbinen vom Typus „Z" mit einem Durchmesser von 112,5 cm. Diese waren mit Generatoren der Electric Machinery Company verbunden, welche eine Leistung von jeweils 450 kW, eine Spannung von 6.600 V und eine Frequenz von 25 Hz zu liefern vermochten. Die von den Maschinen produzierten Kapazitäten beliefen sich auf 1,35 beziehungsweise 1,45 MW. Heute befinden sich entlang des Fox River ein halbes Dutzend Kleinkraftwerke, die zusammen mehr als 20 MW Strom an die Stadt Appleton abgeben. Das von der Wisconsin Electric Power Company betriebene Appleton Plant mit einer Kapazität von 2 MW ist auf einer Halbinsel gegenüber dem alten Vulcan-Kraftwerk positioniert und steht damit an einer historisch prominenten Stelle.[117]

---

[115] Kleckner, Vulcan Street Hydroelectric Station (Anm. 109), 3.
[116] Ebd., 3.
[117] Ebd., 3.

Abb. 49

Historische Aufnahme jenes ursprünglich zur Vulcan Street Hydroelectric Station gehörigen Dammes.

Abb. 50

Vulcan Street-Kraftwerk von 1908 mit dazugehöriger Dammanlage.

3.11 Das Columbia Canal Hydroelectric Plant in South Carolina

3.11.1 Allgemeine Bemerkungen und Geschichte

Im 19. Jh. erreichte der Bau künstlicher Wasserstraßen in South Carolina einen Höhepunkt, da der Warentransport auf dem Wasserweg ungeahnte Reichtümer bescherte. Der Columbia-Kanal war eines der größten Bauprojekte seiner Zeit, weil er die Stadt Columbia über eine Strecke von 160 km mit dem Atlantischen Ozean im Süden verband. In der Schifffahrt erreichte das künstliche Gerinne zwar nie jenen Erfolg, den man ihm ursprünglich zugemessen hatte, in der Hydroelektrizitätsgeschichte der Vereinigten Staaten avancierte es jedoch zu einer der bedeutendsten Lokalitäten.[118]

Der parallel zu den Flüssen Congaree und Broad verlaufende Kanal stand zunächst im Mittelpunkt zahlreicher politischer Debatten, fand aber schließlich im Jahre 1819 seine Realisierung. Ursprünglich bestand seine Funktion im Wesentlichen darin, die im Congaree vorhandenen Stromschnellen zu umfahren. Nachdem die Bauingenieure oftmals an die Grenzen des Machbaren gestoßen waren, erfolgte im Februar 1824 die Fertigstellung eines Gerinnes mit vier Schleusen, welches keineswegs den Ansprüchen des modernen Kanalbaus zu genügen vermochte. Die Kosten für diese künstliche Wasserstraße beliefen sich auf 206.000 US$. Aufgrund des flussaufwärts getätigten Kanal- und Dammbaus und den damit verbundenen starken Schwankungen der Wasserführung erwies sich der Columbia-Kanal oftmals als nicht schiffbar. In den 1830er Jahren wurde die Wasserstraße für mehrere Jahre geschlossen, und 1840 kam es zu ihrer wenig erfolgreichen Wiedereröffnung.[119]

---

[118] B. K. Duncan, Columbia Canal Hydroelectric Plant: Dreams of Water Travel Lead to Electricity, in: Hydro Review 9/96 (1996), 4.

[119] Ebd., 4.

Der Columbia-Kanal ging mehrmals in privaten Besitz über, ließ sich aber von den jeweiligen Eignern nicht erfolgreich vermarkten. Dies hatte freilich zur Folge, dass das Bauwerk letztlich wieder in staatliche Hände zurückfiel. Im Jahre 1887 wurde die Liegenschaft vom Bundesstaat South Carolina an die Stadt Columbia überantwortet. Etwa 5 km oberhalb der Stadt wurde ein Damm errichtet, und die obere Hälfte des bereits in die Jahre gekommenen Kanals wurde erweitert, um die vom Broad-Fluss zur Verfügung gestellte Fließkraft besser nutzen zu können. Am Ende des 19. Jh. wurde die auf den Kanälen getätigte Binnenschifffahrt sukzessive von der Eisenbahn abgelöst, so dass den künstlichen Wasserstraßen ein anderes Schicksal, nämlich jenes der Wasserkraft und Hydroelektrizität beschieden war.[120]

Der erste Schritt für diese innovative Entwicklung bestand in der Gründung der Columbia Water Power Company, welche ihrerseits mit dem Bau einer Textilfabrik und eines dazugehörigen Kraftwerks beauftragt wurde. Die Distanz zwischen Fabrik und hydroelektrischer Anlage belief sich auf ungefähr 200 m, was jedoch in Zeiten der immer stärker aufkommenden Elektrizität kein allzu großes Problem mehr darstellte. Die Webstühle wurden nicht mehr direkt durch die Kraft des Wasserrades angetrieben, sondern an neu konzipierte Elektromotoren mit einer Leistung von jeweils 65 PS gekoppelt. Die Fertigstellung des Kraftwerks erfolgte im Jahre 1894, wobei noch keine modernen Turbinen zum Einsatz gelangten und die Übertragung des erzeugten Stroms durch eine unterirdische Leitung realisiert werden konnte.[121]

Am 25. April des Jahres 1894 wurde die erste vollständig elektrisch operierende Textilfabrik der Welt eröffnet, wodurch dieser Industriesektor einen nachhaltigen Wandel erfuhr. Zwei Jahre später wurde noch ein zweites, wesentlich größeres Kraftwerk errichtet, um den steigenden Energie-

---

[120] Duncan, Columbia Canal Hydroelectric Plant (Anm. 118), 4.
[121] Ebd., 4.

bedürfnissen der Wirtschaft gerecht werden zu können. Die noch heute erhaltene Anlage ging im Jahre 1896 mit drei Maschinensätzen ans Netz. Weitere Einheiten wurden in den Jahren 1901, 1903, 1904 und 1927 installiert. Ende der 1920er Jahre wurden das Kraftwerk und der dazugehörige Damm einer signifikanten Modernisierung unterzogen.[122]

Im Jahre 1905 wurde das Kraftwerk von einem lokalen Unternehmer aufgekauft und in dessen neu gegründete Gesellschaft mit der Bezeichnung Columbia Electric Street Railway, Light & Power Company eingegliedert, was letztendlich eine gezieltere und effizientere Vermarktung der produzierten Energieressourcen zur Folge hatte. Heute steht die Anlage im Besitz der South Carolina Electric & Gas (SCE&G) und erfüllt dabei nach wie vor ihren Zweck als lokaler Stromlieferant. Dabei kommt das Kraftwerk vor allem zu Zeiten des Spitzenstromverbrauchs zum Einsatz. Wenn der Broad River durch normale Wasserführung gekennzeichnet ist, kommt es ab und an auch zu einem 24-stündigen Betrieb der Anlage. Ein wesentlicher Nachteil des Werks besteht darin, dass der Columbia-Kanal bei einer Breite von 50 m und einer Tiefe von 3,5 m nur über eine relativ geringe Wasserspeicherkapazität verfügt.[123]

Das Columbia Canal Hydroelectric Plant blickt mittlerweile auf eine mehr als 120-jährige Betriebszeit zurück und stellt somit die älteste Anlage im Operationssystem von SCE&G dar. Das mit einer Kapazität von rund 10 MW arbeitende Kraftwerk wurde im Jahre 1979 dem National Register of Historic Places hinzugefügt und damit in den Rang eines Denkmals von nationaler Bedeutung gehoben. In der Mitte der 1980er Jahre wurden hydroelektrische Anlage und Werkshallen der alten Textilindustrie zum South Carolina State Museum umgewandelt. Dort finden unter anderem Ausstellungen zu Geschichte und Funktion des Kraftwerks statt.[124]

---

[122] Duncan, Columbia Canal Hydroelectric Plant (Anm. 118), 5.
[123] Ebd., 5.
[124] Ebd., 5.

3.11.2 Wichtige technische Daten der Kraftwerksanlage

Die am Rand von Columbia zwischen Broad River und Columbia-Kanal gelegene hydroelektrische Anlage verfügt über eine Kapazität von 10,6 MW und eine durchschnittliche Jahresleistung von 54.000 MWh. Demzufolge handelt es sich nach moderner Definition um eine kleine bis mittelgroße Stromproduktion. Die hydraulische Fallhöhe des aufgestauten Wassers beläuft sich auf knapp 10 m, wobei rund 650 m³ Wasser pro Sekunde auf die Turbinen einwirken. Die Maschinenhalle besitzt eine Länge von 60 m und eine Breite von 30 m und stellt einen durch funktionelle Architektur gekennzeichneten Betonbau mit auffälliger Fensterreihe an der Vorderfront dar. Ins Auge fällt hier sicherlich auch der arkadenförmig gestaltete Wasserauslass, welcher dem Gebäude eine gewisse Monumentalität verleiht. Die Halle zeichnet sich zudem durch ein Satteldach aus, das auf alten Holzträgern ruht.[125]

Der mit dem Kraftwerk in Verbindung stehende Damm verfügt über eine Länge von rund 350 m und eine Stärke von 5 bis 7 m. Dieses aus quaderförmigen Gesteinsblöcken errichtete Bauwerk befindet sich etwa 4,5 km von der eigentlichen Anlage entfernt und versorgt diese über eine entsprechendes Stollensystem mit Wasser. Unmittelbar vor dem Kraftwerk befindet sich das Vorbecken, von welchem aus das Wasser mithilfe vertikaler Schleusen zu den Turbinen geführt wird. Die insgesamt sieben Schaufelräder besitzen eine Leistung von 1.300 beziehungsweise 1.600 kW und treiben sieben Wechselstromgeneratoren unterschiedlichen Bautyps an. Letztere verfügen über ein Luftkühlungssystem und liefern eine maximale Rotationsgeschwindigkeit von 164 Umdrehungen pro Minute. Ihre produzierter Spannung beträgt jeweils 4.600 V. Der im Kraftwerk erzeugte Strom wird über 34,5 kV-Freileitung in das SCE&G-Netz eingespeist (Abb. 51 bis 55).[126]

---

125 Duncan, Columbia Canal Hydroelectric Plant (Anm. 118), 5.
126 Ebd., 5.

Abb. 51

Moderne Aufnahme der Vorderfront des Columbia Canal Hydroelectric Plant mit arkadenförmigem Wasserausfluss und augenscheinlicher Fensterreihe.

Abb. 52

Alte Staudammanlage nördlich des Kraftwerks mit mechanischen Wehren.

Abb. 53

Aus der Anfangszeit des Kraftwerks stammende Wehranlage mit einfachem Tormechanismus.

Abb. 54

Blick in die Maschinenhalle mit den modernen Generatoren.

Abb. 55

Aufnahme des alten Maschinenhauses mit Turbinen und Generatoren.

3.12 Das Lower Pelzer Hydroelectric Plant
in South Carolina

3.12.1 Allgemeine Bemerkungen und Geschichte

Das Pelzer-Wasserkraftwerk am Saluda River im US-Bundesstaat South Carolina wurde im Jahre 1895 errichtet und stellt die erste hydroelektrische Anlage dar, welche zum Stromtransport mithilfe von Freileitungen befähigt war. Eine weitere Besonderheit der Struktur besteht darin, dass sie drei Generatorsätze mit einer durchgehenden Betriebszeit von 103 Jahren beherbergt. Als Eigner des Kraftwerks trat die namensgebende Pelzer Manufacturing Company auf, die sich als erfolgreicher Betreiber von Baumwollfabriken einen Namen machen konnte und bereits im Jahre 1860 gegründet wurde. Nachdem am Ende des 19. Jh. ein signifikanter Ausbau der Produktionskapazität erfolgte, kam es auch zu einer schlagartigen Erhöhung des Energiebedarfs, welchen man zum überwiegenden Teil mit Wasserkraft abzudecken gedachte.[127]

Die Zeichen für ein entsprechendes Kraftwerksprojekt standen recht gut, da das Unternehmen etwa 5 km vom Fabriksareal entfernt ein Grundstück am Saluda River besaß und die Technologie zur Umwandlung von Wasserkraft in Elektrizität einen kommerziell nutzbaren Entwicklungsstand erreicht hatte. Zudem wurde am Columbia-Kanal schon die Konstruktion einer entsprechenden hydroelektrischen Anlage vorgenommen, welche eine rund 250 m entfernte Baumwollfabrik mit Strom versorgen sollte. Das Hauptproblem des geplanten Pelzer-Kraftwerks bestand im Wesentlichen darin, den relativ langen Stromtransportweg möglichst verlustfrei und kostensparend zu überbrücken.[128]

Captain E. A. Smythe, der damalige Präsident des Unternehmens entschied sich für eine Lösung des Problems, welche zur damaligen Zeit in technologischer Hinsicht als wegweisend anzusehen war: Er ließ eine 5 km

---

[127] Ch. Hocker, Lower Pelzer: A First for Long-Distance Transmission, in: Hydro Review 10/97 (1997), 4.

[128] Ebd., 4.

lange Hochspannungsleitung vom Wasserkraftwerk zur Baumwollfabrik verlegen, die nicht wie bisher unterirdisch, sondern oberirdisch verlief. Von wirtschaftlicher Seite begegnete man diesem Bauprojekt zunächst mit höchster Skepsis, wodurch auch die an der Börse notierten Unternehmenswerte einen Rückschlag erlitten. Davon unbeeindruckt wurde das gesamte hydroelektrische Projekt am Ende des Jahres 1895 fertiggestellt.[129] Die öffentliche Skepsis gegenüber jener von Pelzer angestrebten Werkselektrifizierung konnte als Indikator für den generellen Vorbehalt in Bezug auf Elektrizität und das fehlende Verständnis der dahinterstehenden physikalischen Prinzipien aufgefasst werden. Am Tag der Inbetriebnahme des Kraftwerks wurden dem Vorstand des Unternehmens noch zahlreiche Beileidsbekundungen entgegengebracht, da man nicht ans Funktionieren des elektrischen Verteilungssystems glauben wollte. Die Stromleitung verlief quer über das Fabrikgelände und entpuppte sich entgegen aller düsteren Prognosen als voller Erfolg. Die neuartige Konstruktion wurde anhand detaillierter Fachbeiträge in allerlei technischen Zeitschriften thematisiert.[130]

In einem im März 1896 erschienenen Artikel in *The Electrical World* wurden die Vorteile jener oberirdischen Stromleitung vom Pelzer-Kraftwerk zu den Produktionsstätten aufgelistet: Durch den Langstreckentransport von Elektrizität können Fabrikgebäude in eigenen Parks konzentriert werden, wodurch sich teils enorme infrastrukturelle Einsparungen ergeben. Da die unmittelbare Nähe zum Stromproduzenten nicht mehr zwingend gegeben sein muss, können die Fabriken näher an Eisenbahnlinien heranrücken und somit kostensparender am Ferntransportsystem partizipieren. Die fernleitungsbasierte Elektrifizierung des Unternehmens mit entsprechender Substitution von Dampfmaschinen durch elektrische Motoren führt zum vollständigen Wegfall von Kohle als Energieträger und zu damit verbundenen erheblichen Kostenreduktionen. Aus heutiger Sicht

---

[129] Hocker, Lower Pelzer (Anm. 127), 4-5.
[130] Ebd., 5.

hatten die Errichtung des Pelzer-Kraftwerks und die nachfolgende Realisierung ähnlicher Bauprojekte im ersten Viertel des 20. Jh. eine Vervierfachung der Produktionskapazität in der Textilbranche zur Folge.[131]

Die hydroelektrische Anlage der Pelzer Mills gilt als Spiegelbild jener vor knapp 125 Jahren an den Tag gelegten Ingenieursleistung. Die im Jahre 1895 errichteten Strukturen stehen größtenteils auch gegenwärtig noch in Verwendung. Der Staudamm des Werks wurde aus Bruchsteinmauerwerk gefertigt, welches sich aus großen Granitblöcken und dazwischen gelagertem Stein-Zement-Füllmaterial zusammensetzt. Seine Gesamtlänge beträgt rund 200 m, wobei ein Überlaufbereich von einem Sperrbereich mit zwei Schleusen unterschieden werden kann. Die Dammhöhe ist mit rund 10 m zu beziffern und lässt sich durch zusätzliche Aufbauten um weitere 120 cm steigern. Das hinter der Staumauer gespeicherte Wasser deckt eine Fläche von rund 32 ha ab.[132]

Das Maschinenhaus des Kraftwerks besitzt eine basale Struktur aus Bruchsteinmauerwerk und eine darüber lagernde Ziegelkonstruktion. Die Ziegelmauer des ungefähr 40 x 23 x 20 m messenden Gebäudes ist bis zu einer gewissen Höhe wasserundurchlässig, wobei zur Erreichung dieses Zustands sechs Schichten von Portland-Zement auf die Wände aufgetragen wurden. Der im Inneren des Bauwerks vorhandene Boden umfasst eine Zementplatte, welche auf mehrlagigem, 15 cm starkem Beton platziert wurde. Unterhalb der schweren Maschinen wurden zudem noch Doppel-T-Träger in die Betonunterlage eingefasst. Das Dach des Maschinenhauses besteht aus Stahlblech, das in der damaligen Zeit sehr häufig zur Anwendung gelangte.[133]

Die jüngere Geschichte des Pelzer-Wasserkraftwerks ist durch mehrere Besitzerwechsel gekennzeichnet. Ende der 1980er Jahre ging die Anlage von der Pelzer Manufacturing Company an die Firma Soft Care Apparel Inc. über, um wenig später von Aquenergy Inc. mit Sitz in Greenville

---

131 Hocker, Lower Pelzer (Anm. 127), 5.
132 Ebd., 5.
133 Ebd., 5.

übernommen zu werden. Dieses Unternehmen unterhielt in den 1990er Jahren noch andere hydroelektrische Anlagen kleineren Ausmaßes, welche umliegende Fabriken und Haushalte mit Strom belieferten. Zuletzt wurde das Kraftwerk von der Consolidated Hydro Inc. (CHI) aufgekauft und in manchen Bereichen modernisiert. Im Jahre 1995 sorgte ein Tropensturm für die teilweise Zerstörung des Staudammes. Die von der Besitzerfirma veranlassten Reparaturarbeiten konnten im Mai 1997 abgeschlossen werden und verschlangen insgesamt 2 Mill. US$. Während dieser Wiederherstellungsmaßnahmen musste die Produktionskapazität der Anlage entsprechend abgesenkt werden.[134]

3.12.2 Wichtige technische Daten der Kraftwerksanlage

In technischer Hinsicht handelt es sich bei der ehemals von der Pelzer Production Company erbauten hydroelektrischen Anlage um ein eher klein dimensioniertes Kraftwerk mit einer Kapazität von 3,3 MW und einer durchschnittlichen Jahresleistung von 11.400 MWh. Die insgesamt fünf in Betrieb stehenden Francis-Turbinen zeichnen sich durch zum Teil unterschiedliche technische Konfigurationen aus und verfügen über eine Gesamtleistung von 3.300 kW. Sie betreiben fünf Dreiphasen-Generatoren, welche von der Firma General Electric hergestellt wurden. Der Wasserzulauf zu den Schaufelrädern erfolgt über fünf getrennte Schleusen, die auch heute noch von Hand bedient werden. Die ursprünglich angelegte 3,3 kV-Freileitung besteht bis zum heutigen Tag und wurde in mehreren Phasen restauriert (Abb. 56 bis 61).[135]

Zusammenfassend kann die Feststellung getroffen werden, dass sich das Lower Pelzer Hydroelectric Plant in seiner fast 125-jährigen Geschichte immer wieder wegen der Einfachheit seiner technischen Ausstattung bewähren konnte. Zudem ist es ein Beleg dafür, dass Automatisierungs- und Digitalisierungsprozesse nicht immer bestimmend für das Fortbestehen eines Energieproduzenten sein müssen.

---

[134] Hocker, Lower Pelzer (Anm. 127), 6-7.
[135] Ebd., 5.

Lower Pelzer Hydroelectric Plant mit Maschinenhalle (links) und Staudamm (rechts).

Blick in die Maschinenhalle des Pelzer-Kraftwerks mit ihren alten Dreiphasengeneratoren.

Abb. 58

Historische Aufnahme des aus Bruchsteinmauerwerk gefertigten Staudamms und des davor positionierten Maschinenhauses.

Abb. 59

Pelzer-Baumwollfabrik mit zulaufenden Stromleitungen.

Abb. 60

Blick auf die modernisierte Dammanlage mit Wasserüberlauf.

Abb. 61

Blick in die Maschinenhalle, so wie sie sich heute dem Besucher präsentiert.

3.13 Das Cuero Hydroelectric Plant im Bundesstaat Texas

3.13.1 Allgemeine Bemerkungen und Geschichte

Die Planungen für dieses am Guadalupe River, 5 km nordwestlich der texanischen Stadt Cuero gelegene Laufkraftwerk begannen bereits im Jahre 1893 durch die Gebrüder Otto und August Buchel. Zur damaligen Zeit gelangte man sukzessive zu der Auffassung, dass dem Wechselstrom wohl eine blühendere Zukunft beschieden sei als dem bis dahin häufig verwendeten Gleichstrom. Im Jahre 1898 wurde deshalb ein Wechselstromgenerator mit dazugehörigem Stromverteilungssystem konstruiert und in der neu errichteten Kraftwerksanlage montiert. Die von den Brüdern getätigten Investitionen gerieten sehr rasch zu einem Erfolg, da eine höchst effektive Elektrizitätsproduktion gelang und das aufgestaute Wasser teilweise zur Bewässerung von Erdbeer- und Baumwollplantagen auf den umgebenden, im Besitz der Unternehmerfamilie Buchel stehenden Ländereien genutzt werden konnte.[136]

Nach den Gebrüdern Buchel traten im Laufe der Jahrzehnte sechs neue Eigner auf, welche für den Betrieb der hydroelektrischen Anlage verantwortlich zeichneten. Im Jahre 1965 wurde das Werk durch eine Überschwemmung massiv beschädigt und für nahezu 20 Jahre außer Betrieb gesetzt. Erst 1984 erkannte ein lokal ansässiger Geschäftsmann das im Zusammenhang mit der Energieproduktion stehende Potenzial des Kraftwerks und nutzte dessen Kapazität für seine Eisproduktionsfirma. Sein Plan bestand darin, das Wasser aus dem Guadalupe River für die Eisherstellung zu entnehmen, die dazu notwendige Energie aus der hydroelektrischen Anlage zu beziehen und jeglichen Produktionsüberschuss an Elektrizität zu verkaufen. Die ganze Sache stellte sich freilich als Herkulesaufgabe heraus und wurde schließlich durch mehrere Hochwässer und finanzielle Rückschläge des Unternehmers an ihrem Fortschritt gehindert.[137]

---

[136] J. Parker, L. Parker, The Cuero Hydroelectric Plant: A Maverick in Texas, in: Hydro Review 11/98 (1998), 6.

[137] Ebd., 6.

Im Jahre 1989 wurde der Texaner Jimmy Parker, der bereits zuvor zwei ähnliche Kraftwerke am San Marcos River restauriert hatte, als Berater zu dem Projekt hinzugezogen. Nachdem der Konstrukteur gemeinsam mit seiner Ehefrau Linda die Leitung des Vorhabens übernommen hatte, wurde die Cuero Hydroelectric Inc. im Jahre 1990 als neue Aktiengesellschaft eingetragen. In den nachfolgenden Jahren kam es zum Wiederaufbau und zur sukzessiven Modernisierung der Kraftwerksanlage. Die Arbeiten umfassten auch die vollständige Runderneuerung von Turbinen und Generatoren sowie die Installation eines an moderne Bedürfnisse angepassten Kontrollsystems. Zuletzt wurde der bereits stark in die Jahre gekommene Damm neu errichtet. Im Winter des Jahres 1993 ging das Cuero Wasserkraftwerk wieder ans Netz.[138]

Die hydroelektrische Anlage am Guadalupe River verfügt zwar über eine 120-jährige Geschichte und repräsentiert einen bedeutenden Startpunkt der amerikanischen Hydroelektrizitätswirtschaft, kann aber nach heutigem Ermessen lediglich als Kleinkraftwerk klassifiziert werden. Seit 1995 wurden am Werk immer wieder kleinere Reparaturen und Modernisierungen durchgeführt, welche sich insbesondere auf die Generatoren und das Wehrsystem mit den entsprechenden Wasserzuläufen konzentrierten. Der Staudamm wurde um etwa 1 m erhöht, um eine zusätzliche Kapazitätssteigerung der Anlage herbeiführen zu können.[139]

Die oben genannten Modernisierungsmaßnahmen fanden allesamt zu einem Zeitpunkt statt, als das öffentliche Interesse an erneuerbaren Energien kontinuierlich zu steigen begann. Die im Wasserkraftwerk produzierte Elektrizität konnte etwas teurer verkauft werden, da mit ihrem Erwerb signifikante CO_2-Einsparungen verbunden waren. In den umliegenden Gemeinden erklärte sich ein nicht unwesentlicher Teil der Bevölkerung dazu bereit, ein wenig mehr für die „grüne Energie" zu bezahlen und damit einen Beitrag zum Umweltschutz zu leisten. Es darf hier freilich nicht uner-

---

[138] Parker, Parker, The Cuero Hydroelectric Plant (Anm. 136), 6.
[139] Ebd., 6.

währt bleiben, dass der Mitte der 1990er Jahre ins Rollen gebrachte Trend der erneuerbaren Energien bis zum heutigen Tag anhält und in Zeiten massiver Klimaverschiebungen nichts von seiner Aktualität verloren hat. Dadurch kann für so kleine Kraftwerksanlagen wie das Cuero Hydroelectric Plant eine vorsichtig optimistische Zukunftsperspektive gezeichnet werden.[140]

3.13.2 Wichtige technische Daten der Kraftwerksanlage

Das Cuero Kraftwerk besitzt eine Kapazität von 1,5 MW, welche von drei Francis-Turbinen mit jeweils 800 PS sowie von drei daran angeschlossene Dreiphasengeneratoren mit je 200 Umdrehungen pro Minute und 2.400 V erzeugt wird. Die einzelnen Maschinensätze befinden sich in der rund 700 m² messenden Kraftwerkshalle, welche über eine stählerne Rahmenkonstruktion auf massivem Betonboden sowie ein aus Eisenblech geformtes Dach verfügt. Der Anlage werden pro Sekunde ungefähr 130 m³ Wasser zugeführt, von denen jeweils 43 m³ auf die einzelnen Turbinen treffen. Die drei Wasserzuläufe sind in mehrere Meter mächtige Wandungen aus Stein, Beton und Stahl eingefasst und lassen sich hinsichtlich ihrer Flussstärke jeweils durch zwei Wehrtore regulieren. Diese noch aus Holz gefertigten Elemente sind 3 m breit und rund 7 m hoch und werden durch eine elektrisch gesteuerte Hydraulik gehoben und gesenkt.[141]
Der dem historischen Kraftwerk zuzuordnende Originaldamm stellte eine aus Stein und Beton bestehende Konstruktion dar. Diese wurde im Zuge der Modernisierungsmaßnahmen mit einer Betonkappe versehen und durch ein Stahlskelett verstärkt. Der Damm ist an seiner Basis 10 m und an seiner Spitze 1,20 m dick und verfügt zudem über eine Höhe von rund 5 m und eine Gesamtlänge von 45 m. Die im Kraftwerk erzeugte elektrische Energie wird über eine 12,47 kV-Leitung zu den Verbrauchern abgeleitet (Abb. 62 bis 63).[142]

---

[140] Parker, Parker, The Cuero Hydroelectric Plant (Anm. 136), 6-7.
[141] Ebd., 7.
[142] Ebd., 7.

Abb. 62

Historische Aufnahme des Cuero Hydroelectric Plant mit Staudamm (links) und Maschinenhalle (rechts).

Abb. 63

Blick in die modernisierte Maschinenhalle des Kraftwerks mit Turbinen, Dreiphasengeneratoren und elektronischen Steuerelementen.

3.14 Das Ames Hydroelectric Generating Plant in Colorado

3.14.1 Allgemeine Bemerkungen und Geschichte

Die bei Ophir im San Miguel County (Colorado) gelegene Anlage verdient eine besondere Erwähnung, da sie das älteste kommerziell genutzte Wasserkraftwerk darstellt, welches Wechselstrom zum Antrieb elektrischer Geräte produzierte. Aufgrund dieser Tatsache wird sie auch in der IEEE-Liste der Meilensteine in der Entwicklung der Elektrotechnik geführt. Ende des 19. Jh. wurde vonseiten der Minenbetreiber in den Bergen nahe Ophir der erhöhte Bedarf nach elektrischer Energie angemeldet, da man die Erzaufbereitungsmaschinen von Dampf auf elektrischen Strom umzustellen gedachte. Der Unternehmer Lucien L. Nunn erkannte schon relativ früh, dass die Wasserkraft in der Region eine kommerziell nutzbare Energiequelle repräsentieren könnte. Sein Bruder Paul, ein Elektroingenieur, wurde in die Planung des Kraftwerks eingebunden und fand bald heraus, dass das Wechselstromsystem gegenüber dem Gleichstromsystem in Bezug auf den Energietransport zahlreiche Vorteile besaß. Im Jahre 1890 wurde die in Pittsburgh ansässige Firma Westinghouse Electric kontaktiert und von den Gebrüdern von der Güte eines auf Wechselstrom basierenden elektrischen Systems überzeugt.[143]

Die Herstellung der Wechselstromanlage erfolgte unter der Verantwortung der vier Ingenieure V. G. Converse, Lewis B. Stillwell, Charles F. Scott und Ralph D. Mershon, welche sich noch zusätzliche Hilfe von Maschinenbaustudenten an der Cornell-Universität holten.[144] Bereits im Sommer des Jahres 1890 konnte die fertiggestellte Gerätschaft an die Kunden in Colorado ausgeliefert werden, und in den darauffolgenden Wintermonaten widmete man sich deren Einbau. Das installierte System setzte sich aus zwei identischen Einphasenalternatoren (Generatoren) zusammen,

---

[143] Website zum Ames Hydroelectric Generating Plant: https://wikipedia.org/wiki/Ames_Hydroelectric_Generating_Plant [5. 1. 2019].

[144] Ebd.

die bei einer Betriebsfrequenz von 133 Hz eine Wechselspannung von je 3.000 V zu erzeugen vermochten. Ein Generator befand sich in einem eigens errichteten Holzbau bei Ames und stand mit einer Pelton-Turbine in Verbindung, welche durch jenes von Howard Fork und Lake Fork über Stahlrohre herbeigeführte Wasser angetrieben wurde.[145] Die produzierte elektrische Energie wurde den Berg empor über eine Strecke von 4,2 km zur Mine transportiert, wobei sich die Kosten für die Stromleitung auf lediglich 700 US$ beliefen und damit deutlich niedriger ausfielen als bei einem vergleichbaren Gleichstromsystem. Bei der Mine selbst gelangte der zweite Wechselstromgenerator zur Aufstellung; dieser wurde zu einem Wechselstrommotor umfunktioniert, welcher für den Antrieb der Gesteinsmühle sorgte und einen einphasigen Induktionsmotor als Schrittmacher besaß.[146]

Am 19. Juni des Jahres 1891 wurde das Wasserkraftwerk in den Dienst gestellt und 30 Tage lang durchgehend betrieben. Zum damaligen Zeitpunkt waren für die Aufrechterhaltung der Funktionsfähigkeit noch 15 bis 20 Angestellte notwendig, welche sich mit primitiven Kontrollinstrumenten herumschlagen mussten und insbesondere darauf Acht zu geben hatten, dass sie nicht mit der von der Anlage produzierten Hochspannung in Kontakt kamen. Die Herstellung der Stromverbindung erfolgte durch simple Trennschalter (knife switches), wohingegen für die Abschaltung des Systems das Herausziehen des Hauptstromkabels aus dem Strommast notwendig war – eine Arbeit freilich, die sich in manchen Situationen als äußerst gefährlich erweisen konnte.[147] Ein wesentliches Problem bei der Instandhaltung der Anlage war die Reparatur von durch Blitzeinschlag generierten Schäden, welche gerade in Gebirgsgegenden immer wieder zu beklagen waren. Die Generatoren wurden zum Zweck der elektrischen Isolierung auf paraffingetränkten Eichenholzplattformen

---

[145] Website zum Ames Hydroelectric Generating Plant: https://wikipedia.org/wiki/
Ames_Hydroelectric_Generating_Plant [5. 1. 2019].

[146] Ebd.

[147] Ebd.

platziert und zudem von verschiedenen Blitzableitern umringt. Ihr Design zeichnete sich darüber hinaus durch zahlreiche entfernbare Teile aus, wodurch sich ihre Reparatur ein wenig einfacher gestaltete.[148]

Nachdem sich die auf Wasserkraft basierende Stromgewinnung in der Anlage von Ames als Erfolgsprojekt herausgestellt hatte, gingen die Gebrüder Nunn daran, ähnliche Systeme bei ihren anderen Minenbetrieben zu installieren. Bereits im Jahre 1896 wurde das Ames-Kraftwerk modernisiert und mit einem neuwertigen Dreiphasensystem ausgestattet, welches eine Gesamtspannung von 10.000 V zu erzeugen vermochte und zusätzlich einen wesentlich längeren Stromtransport gestattete. Dazu war jedoch auch eine Erweiterung des Wasserzulaufs notwendig. Die Anlage wurde der im Besitz der Gebrüder Nunn stehenden Telluride Power Company eingegliedert, die später Teil der Western Colorado Power Company werden sollte.[149]

Im Jahre 1905 erfolgte ein weiterer Ausbau des Kraftwerks, um dem wachsenden Energiebedarf des Bergbaubetriebs gerecht werden zu können. Neben der Installation des noch gegenwärtig vorhandenen Maschinensatzes wurde oberhalb des Trout Lake ein zusätzlicher Staudamm angelegt, der die Aufstauung des Lake Hope zur Folge hatte. Dieser Stausee verfügte über eine Gesamtfläche von 18 ha und beherbergte zudem ein Wasservolumen von 2,8 Mill. m³. Durch das aus dem See abgeleitete Wasser konnte auch in den Wintermonaten ein reibungsloser Betrieb der Anlage herbeigeführt werden. Auch Howard Fork wurde mit einer Dammkonstruktion aufgestaut, um noch zusätzliche Wasserressourcen zu generieren. Als Ableitung des ersten Stausees diente ein unterirdischer Stollen, während die Drainage des zweiten Gewässers durch eine eigene Druckleitung erfolgte.[150]

---

[148] Website zum Ames Hydroelectric Generating Plant: https://wikipedia.org/wiki/Ames_Hydroelectric_Generating_Plant [5. 1. 2019].
[149] Ebd.
[150] Ebd.

Im Jahre 1909 bewirkte ein Hochwasser den Dammbruch am Trout Lake, so dass der Bau einer neuen Sperre veranlasst werden musste. Dabei handelte es sich um einen Erdwall, der seine Vorgängerkonstruktion deutlich an Größe übertraf und für ein Stauvolumen von 3,9 Mill. m³ sorgte. Die Fläche des noch heute zu bestaunenden Gewässers misst 56 ha, und das Stauziel befindet sich in einer Meereshöhe von 2.960 m.[151] In den 1950er Jahren kam es zum Ersatz der alten Holzkonstruktion des Überlaufs durch eine stabilere Stahlkonstruktion. In den 1980er Jahren wurde das Wasserkraftwerk bei Ames vollständig automatisiert, und 1997 erfolgte eine Anhebung der Spannung in den Übertragungsleitungen von 60 kV auf 115 kV. Seit 1999 steht die Anlage im Besitz von Xcel Energy.[152]

3.14.2 Wichtige technische Daten der Kraftwerksanlage

Als wohl eindrucksvollstes technisches Kennzeichen des Ames-Wasserkraftwerks gilt der Umstand, dass die Anlage seit dem Jahre 1891 in Betrieb steht und im Laufe ihrer beinahe 130-jährigen Geschichte zahlreiche Modernisierungen durchlaufen hat. Die gegenwärtige Leistung des Werks lässt sich mit 3,75 MW beziffern, womit es kleinere Dimensionen annimmt. Für den Antrieb des Systems gelangen auch heute noch zwei Pelton-Turbinen zum Einsatz, die sich unter den gegebenen Umständen als hocheffizient erweisen.[153]

Die noch in Betrieb stehende Kraftwerkshalle stellt einen recht schlicht gestalteten Steinbau mit Satteldach dar, wobei ein erhöhter Längstrakt und ein kleinerer Quertrakt unterschieden werden können. Unmittelbar neben dem Gebäude befinden sich Transformatorstation und Stromleitungen zum Transport der Elektrizität zu den auf den umliegenden Bergen gelegenen Endverbrauchern (Abb. 64 bis 69).

---

[151] Website zum Ames Hydroelectric Generating Plant: https://wikipedia.org/wiki/Ames_Hydroelectric_Generating_Plant [5. 1. 2019].

[152] Ebd.

[153] Ebd.

Abb. 64

Historische Fotografie des ursprünglichen Ames-Wasserkraftwerks.

Abb. 65

Historische Aufnahme zweier Arbeiter am ersten in der Kraftwerksanlage betriebenen Wechselstromgenerator.

Abb. 66

Modernisierte und erweiterte Anlage bei Ames zu Beginn des 20. Jh.

Abb. 67

Modernisierter Innenraum mit Dreiphasengenerator und Schalttafel.

Abb. 68

Aktuelle Aufnahme des Ames-Kraftwerks im Bundesstaat Colorado.

Abb. 69

Trout Lake oberhalb des Ames-Kraftwerks mit modernisierter Staumauer am linken Bildrand.

3.15 Die Stairs Station südöstlich von Salt Lake City im Bundesstaat Utah

3.15.1 Allgemeine Bemerkungen und Geschichte

Die Stairs Station wurde in den Jahren 1894 und 1895 im Big Cottonwood Canyon ungefähr 13 km südöstlich der Stadt Salt Lake City errichtet. Das Kraftwerk ist deshalb besonders erwähnenswert, weil es in einer Zeit erbaut wurde, in welcher der Westen der Vereinigten Staaten noch ganz am Anfang seiner hydroelektrischen Industrialisierung stand. Es gab Ende des 19. Jh. lediglich einige kleinere und vollständig isolierte Wasserkraftanlagen, die über die schwach besiedelte Gebirgslandschaft mit ihren zahlreichen Canyons verstreut lagen. Die meisten dieser Stromproduzenten dienten der Abdeckung des lokalen Elektrizitätsbedarfs, wie er etwa von kleinen Fabriken oder Siedlungen angemeldet wurde. Die Stairs Station hingegen sollte die Straßenbahn von Salt Lake City mit Energie versorgen und demzufolge eine übergeordnete Stellung auf dem Strommarkt einnehmen.[154]

Bereits zu Beginn der 1890er Jahre untersuchte der in Salt Lake City tätige Zivilingenieur und Erfinder R. M. Jones die Möglichkeiten einer hydroelektrischen Nutzung des Big Cottonwood River und seines Canyons. Im Jahre 1893 gründete er eine Firma mit der Bezeichnung Utah Power und begann mit dem Bau von Umleitungsdamm, verschiedenen Gerinnen und Kraftwerkshaus. Die Anlage ging zwei Jahre später in Betrieb, konnte aber in den darauffolgenden zwei Jahrzehnten lediglich einen sehr beschränkten Markt mit ihrem Produkt versorgen. Erst im Jahre 1912 kam es zur Gründung der Utah Power & Light Corporation (UP&L), welche die kleinen Kraftwerke nach und nach aufkaufte, größere und modernere Anlagen errichten ließ und ein Stromnetz für die regionale Elektrizitätsversorgung etablierte.[155]

Der in der Stairs Station produzierte elektrische Strom wurde an die Butlerville Substation am Ende des Canyons übertragen. Von dort aus wurde

---

[154] Anonymus, Stairs Station: Competing for the Power Market 100 Years Ago, in: Hydro Review 10/95 (1995), 1.

[155] Ebd., 1.

das Skigebiet von Brighton, welches sich in ungefähr 20 km Entfernung befand, mit Energie versorgt. Zusammen mit der Granite Power Station gelang es bis zur Mitte des 20. Jh., genügend Strom für Skilifte und Hotels zur Verfügung zu stellen. Der sukzessive Ausbau des Resorts und der damit verbundene Anstieg des Energiebedarfs führten jedoch später dazu, dass Strom von weiter entfernten Kraftwerksanlagen zugekauft werden musste. Die Stairs Station bezieht bis zum heutigen Tag ihr Wasser von einem etwa 1,6 km entfernten Umleitungsdamm, wobei als Zulauf ein Stahlrohr mit einem Durchmesser von 120 cm dient. Das System vermag aufgrund des vorgegebenen Gefälles ein maximales Wasservolumen von 1,5 m³/s zu befördern, wodurch im Maschinenhaus eine Leistung von 1,2 MW geliefert werden kann. Die hydroelektrische Anlage wurde im Jahre 1956 modernisiert und automatisiert.[156]

3.15.2 Technische Ausstattung und Architektur des Werks

Das noch heute von der UP&L betriebene Wasserkraftwerk verfügt über eine Gesamtkapazität von 1,2 MW, eine hydraulische Fallhöhe von ungefähr 120 m und eine Jahresleistung von 4.789 MWh. Die Anlage enthält lediglich eine Francis-Turbine, die bei Vollauslastung 600 Umdrehungen pro Minute erzielt und eine mechanische Leistung von 1.500 PS zu erbringen vermag. Der von der Firma Westinghouse produzierte Generator arbeitet mit drei Phasen und erzeugt elektrischen Strom mit einer Frequenz von 60 Hz und einer Spannung von 2.400 V. Das Maschinenhaus repräsentiert einen zweigeschossigen Ziegelbau mit einer Länge von 30 m und einer Breite von 11 m. Portalförmige Türen und Fenster sowie halbpfeilerartige Wandelemente im Stile der Neorenaissance vermitteln den Eindruck einer gewissen Monumentalität. Die im Kraftwerk erzeugte Stromspannung wird auf 12.500 V hochtransformiert und zur UP&L Butlerville Substation befördert (Abb. 70 bis 71).[157]

---

[156] Anonymus, Stairs Station (Anm. 154), 2.
[157] Ebd., 2.

Abb. 70

Blick auf das Kraftwerkshaus der Stairs Station mit seiner Neorenaissance-Architektur.

Abb. 71

Innenraum der Stairs Station mit ihrem einzelnen Maschinensatz.

3.16 Das Snoqualmie Falls Hydroelectric Plant (Washington)

3.16.1 Allgemeine Bemerkungen und Geschichte

Das am Snoqualmie River gelegene Wasserkraftwerk befindet sich etwa 40 km östlich der Stadt Seattle und ging aufgrund zweier Tatsachen in die Annalen der Hydroelektrizitätsgeschichte ein. Zum einen war es die erste Anlage der Welt mit vollständig in den Untergrund verlegter Generatorhalle; zum anderen stellte es den ersten Stromproduzenten im Westen der Vereinigten Staaten dar, welcher einen natürlichen Wasserfall für die elektrische Energiegewinnung nutzte. Die Konstruktion des Werks am Ende des 19. Jh. war nach heutigem Ermessen mit einer außerordentlichen Ingenieursleistung verbunden.

Seattle erfuhr im ausgehenden 19. Jh. einen enormen ökonomischen Aufschwung, der einen erhöhten Energiebedarf zur Folge hatte. In den 1890er Jahren gelangten regionale Unternehmer zu der Auffassung, dass der Bau eines Kraftwerks an den Snoqualmie Falls maßgeblich zur Lösung dieses Problems beitragen könnte. Im Jahre 1897 wurde das dafür notwendige Grundstück am Wasserfall durch Charles H. Baker erworben. Gemeinsam mit seinem Vater William Taylor Baker schritt der Unternehmer an die Finanzierung des Bauprojekts. Der Baubeginn der Kraftwerksanlage datiert in den April des Jahres 1898. Aufgrund widriger klimatischer Bedingungen, welche vor allem in den Wintermonaten vorherrschten, wurde vom Bauherrn der Entschluss zur Verlegung der Maschinenhalle in den Untergrund (etwa 100 m unter dem Fluss und 120 m von der Kante des Wasserfalls entfernt) gefasst. Die Bauarbeiten gestalteten sich teilweise sehr schwierig, da harter basaltischer Untergrund bearbeitet und mit den entsprechenden vertikalen und horizontalen Hohlraumstrukturen versehen werden musste. Zudem verfügten die Arbeiter anfänglich über wenig geeignetes Werkzeug und unzureichende maschinelle Unterstützung, so dass sich die Bauzeit immer wieder in die Länge zog. Etwa 60 m flussabwärts vom Wassereinlauf errichteten die Arbeiter einen Betondamm, welcher für eine Erhöhung des Wasserspiegels sorgte und auf einem natürlichen Felskamm gründete.[158]

Trotz der enormen technischen Herausforderungen erfolgte die Fertigstellung des Kraftwerksprojekts schon am Ende des Jahres 1898. Die erste kommerzielle Energieversorgung der Städte Seattle und Tacoma gelang schließlich am 31. Juli 1899. Im Jahre 1901 gründete Charles H. Baker die „Seattle Cataract & Tacoma Cataract Companies", über welche er die im neu errichteten Kraftwerk eingekaufte elektrische Energie an die Endverbraucher weitervertrieb. Die Anlage war zum damaligen Zeitpunkt noch größtenteils in der Lage, den Energiebedarf der 120.000 Einwohner von Seattle und Tacoma zu decken. Auch kleinere, an der Hauptstromleitung liegende Siedlungen konnten in die Stromversorgung miteingebunden werden.[159]

Charles H. Baker erwies sich in der Folgezeit als schlechter unternehmerischer Stratege, der aus seinen Betrieben keinen messbaren Profit herauszuschlagen vermochte und große Geldmengen in das Straßenbahnsystem von Seattle investierte. Im Jahre 1903 brach im Kraftwerk ein Brand aus, welcher einen der Generatoren beschädigte und die Anlage für 36 h außer Betrieb setzte. Die Reparaturarbeiten an den Maschinen dauerten drei Wochen. Aufgrund der prekären wirtschaftlichen Situation des Eigners ging das Werk im Jahre 1905 an einen neuen Besitzer (Snoqualmie Falls & White River Power Company) über, der in die Maschinenhalle einen fünften Generator einbauen ließ und damit die Kapazität der Anlage um 5 MW erhöhen konnte.[160]

Das Stromunternehmen wechselte 1912 nochmals seinen Besitzer (Puget Power), welcher seit dem Jahre 1997 die Bezeichnung „Puget Sound Energy" trägt. Um immer auf dem neuesten Stand der Technik verharren zu können, wurden im Laufe der Jahrzehnte zahlreiche Modifikationen an der Kraftwerksanlage vorgenommen. Bereits im Jahre 1910 wurde auf

---

[158] C. Freeland, Snoqualmie Falls No. 1: World's First Underground Generating Station Celebrates Centennial, in: Hydro Review 11/98 (1998), 2.

[159] Ebd., 3.

[160] Ebd., 3.

dem Areal ein zweites Kraftwerk errichtet, das 1957 eine signifikante Erweiterung erfuhr und gemeinsam mit der älteren, flussaufwärts positionierten Baustruktur eine Gesamtkapazität von 57 MW erzielte. Heute stellt die historische Anlage eine Fremdenverkehrsattraktion dar, welche einen jährlichen Zustrom von 1,5 Mill. Besuchern verzeichnet. Gerade in den vergangenen Jahren wurden vom Betreiber etliche Bemühungen unternommen, um die Attraktivität der einzelnen Baustrukturen und ihrer Umgebung maßgeblich zu steigern. Neben einem Lehrpfad mit Schautafeln und ausführlichem Bildmaterial wurden an Ort und Stelle ein Tourismuszentrum sowie zahlreiche Restaurants zur Verköstigung der Besucher errichtet.[161]

3.16.2 Wichtige technische Daten der Kraftwerksanlage

Hinsichtlich seiner technischen Ausstattung und Betriebsleistung kann das Snoqualmie Falls Hydroelectric Plant als kleine bis mittelgroße Anlage klassifiziert werden. Das Laufkraftwerk verzeichnet einen sekündlichen Wasserzulauf von ungefähr 400 m³, welcher letztlich in einer Gesamtleistung von 11 MW resultiert. Die Jahresleistung des gesamten Kraftwerkskomplexes beläuft sich auf 299.000 MWh. Das etwa 110 m unter der Oberfläche gelegene Maschinenhaus des historischen Kraftwerks besitzt eine Länge von 60 m, eine Breite von 16 m und eine Höhe von 12 m. Die Wasserzufluss teilt sich auf zwei Stahlrohre mit 3 m Durchmesser und 108 m Länge auf. Die kinetische Energie des Wassers wird von insgesamt fünf horizontal orientierten Turbinen (vier Pelton-Turbinen und eine Francis-Turbine) aufgenommen, welche im Idealfall eine Rotationsgeschwindigkeit von 300 Umdrehungen pro Minute erreichen können.

Die Turbinen sind jeweils an Dreiphasengeneratoren gekoppelt, die elektrischen Strom mit einer Frequenz von 60 Hz und einer Spannung von 2.000 V produzieren. Die erzeugte elektrische Energie wird über 115 kV-Leitungen in das Stromnetz des Unternehmens eingespeist und zu den Abnehmern in Seattle und Tacoma transportiert (Abb. 72 bis 77).[162]

---

[161] Freeland, Snoqualmie Falls No. 1 (Anm. 158), 4.
[162] Ebd., 3.

Abb. 72

Historische Aufnahme der Snoqualmie Falls mit Staudamm und Kraftwerkskomplex auf der rechten Uferseite.

Abb. 73

Alte Skizze mit den ober- und unterirdischen Bereichen der im Jahre 1898 errichteten Kraftwerksanlage.

Abb. 74

Oberirdische Baustrukturen der alten Kraftwerksanlage mit davor gesetztem kleinen Park für Besucher des Komplexes.

Abb. 75

Blick in die unterirdische Generatorhalle des alten Kraftwerks.

Abb. 76

Zweites Kraftwerk am Snoqualmie River, welches 1911 errichtet und 1957 modernisiert wurde.

Abb. 77

Wasserschloss und Zuleitungsrohrsystem des zweiten Kraftwerks.

3.17 Die hydroelektrische Anlage an den Willamette Falls in Oregon

3.17.1 Allgemeine Bemerkungen und Geschichte

Ende der 1880er Jahre entstand auch in den Bundesstaaten an der Westküste ein erhöhter Bedarf an elektrischer Energie. Im Jahre 1889 kam es daher zur Gründung der Willamette Falls Electric Company, welche für die Inbetriebnahme kleinerer Kraftwerke verantwortlich zeichnete. Eine dieser Anlagen verbrannte Sägemehl und diverse Abfälle zum Antrieb jener Dampfmaschine, die in direkter Verbindung mit dem Generator stand. Das Unternehmen führte bereits zum damaligen Zeitpunkt mit anderen Gesellschaften einen teils erbitterten Konkurrenzkampf um den lokalen Elektrizitätsmarkt. Im Jahre 1893 konnte die Willamette Falls Electric Company gegenüber ihren Mitstreitern durch die Umsetzung des ersten größeren hydroelektrischen Projekts in Oregon einen wesentlichen Vorteil erringen.[163]

Das überhaupt erste, als Station A bezeichnete Wasserkraftwerk entstand bereits 1889 an der Ostseite der Willamette Falls, dem einzigen Wasserfall Oregons, welcher über ausreichende Höhe und genügend Wasservolumen für die Elektrizitätsproduktion verfügte. Unmittelbar nach seiner Fertigstellung lieferte die Anlage Strom an das ungefähr 20 km flussabwärts gelegene Portland, wo man eine elektrische Straßenbeleuchtung installiert hatte. Das Kraftwerk stellte eine der ersten Produktionsstätten der Vereinigten Staaten dar, die für einen Langstreckentransport von elektrischer Energie ausgerüstet war. Station A erlitt im Laufe der folgenden Jahre zahlreiche technische Defekte und wurde zudem von mehreren Überschwemmungen heimgesucht, so dass ihre Stilllegung schließlich im Jahre 1897 erfolgte.[164]

Im Jahre 1893 hatte man bereits mit dem Bau von Station B an der Westseite des Wasserfalls begonnen. Die neue Anlage entstand in der Nähe

---

[163] Anonymus, T. W. Sullivan: Power Station at the End of the Oregon Trail, in: Hydro Review 10/95 (1995), 1.

[164] Ebd., 1.

der ebenfalls vom Elektrizitätsunternehmen errichteten Schiffsschleuse. Letztere wurde später an die staatliche Regierung verkauft und wird heute von einer technischen Einheit der U.S. Army betrieben. Die Entscheidung zur wirtschaftlichen Expansion gründete in erster Linie auf dem Umstand, dass in Portland zwei elektrisch betriebene Bahnlinien entstanden waren, die einen erhöhten Bedarf an Elektrizität anmeldeten. Die Schiene verband zur damaligen Zeit alle größeren Ortschaften und galt demzufolge als wichtigstes Transportmittel vor dem Erscheinen von asphaltierten Straßen und darauf fahrenden Automobilen. Die Eisenbahn trug insgesamt einen erheblichen Teil zur Industrialisierung von Umlandgemeinden und zum Aufbau moderner Wirtschaftsstrukturen bei.[165]

Die Eröffnung der Station B erfolgte im Dezember des Jahres 1895, wobei in den nachfolgenden Jahrzehnten aufgrund der infrastrukturellen Entwicklung von Portland eine kontinuierliche Vergrößerung der Anlage erforderlich war. In der Frühzeit der Hydroelektrizitätswirtschaft war es noch nicht möglich, zwei Generatoren parallel mit derselben Stromleitung zu verschalten. So musste der von jedem Dynamo erzeugte Strom direkt zu einem bestimmten Verbraucher geleitet werden. Im ersten Betriebsjahr verfügte die Station B über zwei Gleichstromgeneratoren mit einer Nennspannung von jeweils 500 V, welche zur Versorgung der beiden Bahnlinien herangezogen wurden. Drei weitere Wechselstromgeneratoren mit einer Nennspannung von je 6.000 V dienten einerseits dem Betrieb einer Getreidemühle und lieferten andererseits Elektrizität für kommerzielle und häusliche Bedürfnisse.[166]

Im Verlauf der folgenden Jahre wurde die Station B hinsichtlich ihrer Kapazität sukzessive erweitert. Bereits im Jahre 1903 verzeichneten die 13 in Betrieb stehenden Generatoren eine Gesamtleistung von 5,73 MW und übertrafen somit hinsichtlich ihrer Stromproduktion jede andere vergleichbare Anlage in Oregon. Die Evolution von Station B fand in den kommenden Jahrzehnten ihre ungetrübte Fortsetzung, da sich die Be-

---

[165]   Anonymus, T. W. Sullivan (Anm. 163), 1.
[166]   Ebd., 1.

dürfnisse im Elektrizitätssektor ständig änderten und die damit in Verbindung stehende Technologie immer neue Fortschritte verzeichnete. Die Gleichstromgeneratoren wurden mit der Zeit durch wesentlich leistungsstärkere Wechselstromdynamos ersetzt.[167]

Im Jahre 1948 wurde die ehemalige Willamette Falls Electric Company in Portland General Electric Company (PGE) umbenannt. Diese Unternehmensbezeichnung ist bis zum heutigen Tag erhalten geblieben. Fünf Jahre später wurde die Station B mit dem neuen Namen Thomas W. Sullivan Plant versehen. Sullivan war zugleich Designer, Erbauer und erster Leiter der Anlage und machte sich zudem als führender Hydraulikingenieur des Unternehmens einen Namen. Er widmete sich der Energiegewinnung durch Wasserkraft über einen Zeitraum von sechs Jahrzehnten (1890 – 1950).1953 war auch jenes Jahr, in welchem das Werk durch Installation von 12 Propellerturbinen eine wesentliche Modernisierung erfuhr, wodurch seine Produktionskapazität auf das gegenwärtige Niveau von 15 MW angehoben werden konnte. Eine bereits im Jahre 1924 installierte Francis-Turbine wurde an Ort und Stelle belassen. Zu zwei Transformationsstationen in Sullivan und Oregon City wurden jeweils 57 kV-Stromleitungen verlegt.[168]

Die baulichen und technischen Erneuerungen der Anlage umfassten auch deren vollständige Automatisation. Durch den Einbau von insgesamt 12 Motorgeneratoren der Firma Westinghouse, welche durch ein komplexes Kabel- und Schaltersystem angesteuert werden konnten, wurde die Möglichkeit geschaffen, das gesamte Werk von einem zentralen Schaltraum aus zu kontrollieren. Betrug die Anzahl der Werksbediensteten zu Beginn noch 22, so reduzierte sich diese im Laufe der Dekaden auf einen Mann, der die Anlage tagsüber von Montag bis Freitag überwachte.

Heute stellt das Thomas W. Sullivan Kraftwerk die kleinste Anlage innerhalb des PGE-Systems dar. In den vergangenen Jahrzehnten diente es

---

[167] Anonymus, T. W. Sullivan (Anm. 163), 1.
[168] Ebd., 1-2.

dem Unternehmen vor allem zur Durchführung wichtiger Umweltstudien. So erfolgte bereits im Jahre 1980 die Installation einer effektiven Fischtreppe, und 11 Jahre später wurde eine Fischbeobachtungsstelle eingerichtet, in welcher Biologen das Wanderverhalten der Tiere und ökologische Auswirkungen verschiedener Baustrukturen auf die aquatische Fauna dokumentieren können.[169]

3.17.2 Wichtige technische Daten der Kraftwerksanlage

Das Thomas W. Sullivan Kraftwerk überspannt an der Westseite der Willamette Falls den Oregon River und stellt ein typisches Laufkraftwerk mit vorgeschaltetem Staubereich und getrennten Wehranlagen für jede betriebene Turbine dar. Die aus 2 m mächtigen Betonmauern gefertigte Maschinenhalle verfügt über ein Giebeldach mit Stahltrossen und besitzt eine Länge von 80 m, während ihre Breite zwischen 12 und 17 m variiert. Der durchschnittliche Wasserfluss über die Turbinen beträgt in Summe rund 800 m³/s, wobei 12 Kaplan-Turbinen und eine Francis-Turbine in Betrieb stehen. Die Schaufelräder erreichen im Spitzenbetrieb 242 Umdrehungen pro Minute und erbringen dabei eine mechanische Leistung von 1.800 PS (1.350 kW; Abb. 78 bis 81).

Die Kaplanturbinen sind jeweils an vollautomatische Westinghouse-Generatoren mit speziellen Kontrollelementen gekoppelt, während die Francis-Turbine mit einem synchronisierten Generator der Firma General Electric in Verbindung steht. Alle Dynamos erzeugen Dreiphasenstrom mit einer Frequenz von 60 Hz und einer Spannung von 2.400 beziehungsweise 4.160 V. Die Jahresleistung der Generatoren lässt sich mit 107.074 MWh beziffern und nimmt im Vergleich zu anderen hydroelektrischen Anlagen kleine bis mittlere Dimensionen an. Vom Kraftwerk führen mehrere 57 kV-Leitungen zu den nahegelegenen Transformatorstationen. Weitere zwei Stromleitungen speisen das Werksnetz der PGE.[170]

---

[169] Anonymus, T. W. Sullivan (Anm. 163), 2.
[170] Ebd., 2.

Abb. 78

Luftaufnahme des Willamette Falls Kraftwerkskomplexes am Oregon River mit historischen und moderneren Baustrukturen.

Abb. 79

Willamette Falls (links) mit unmittelbar daran anschließendem Thomas W. Sullivan Kraftwerk (Mitte).

Abb. 80

Ehemalige, im Jahre 1889 erbaute Station A an der Ostseite der Willamette Falls.

Abb 81

Station B an der Westseite der Willamette Falls (erbaut 1893). Diese Anlage steht bis zum heutigen Tag in Betrieb.

3.18 Das ehemalige Bull Run Hydroelectric Project (Oregon)

3.18.1 Allgemeine Bemerkungen und Geschichte

Das Bull Run Power Plant wurde zwischen 1908 und 1912 nahe der namensgebenden Stadt Bull Run am Sandy River im Bundesstaat Oregon errichtet. Für den Bau zeichnete die Firma Portland General Electric (PGE) verantwortlich, wobei die Stadt Portland nahezu ein Jahrhundert lang elektrischen Strom aus der Anlage bezog. Der Beginn des Kraftwerksprojektes datiert bereits in das Jahr 1906 zurück, als man am Sandy River mit dem Bau eines Dammes und eines 5,1 km langen hölzernen Ableitungsgerinnes startete. Die Staumauer führte einerseits zu einer drastischen Reduktion der im Fluss vorhandenen Stromschnellen und bewirkte andererseits die Bildung des Roslyn Lake als Wasserreservoir für das etwa 120 m niedriger gelegene Kraftwerkshaus. Nachdem das Projekt 1912 seine Fertigstellung erfahren hatte, begann man bereits ein Jahr später mit der Errichtung eines zweiten Dammes, der die Wirkung der ersten Staumauer unterstützen sollte. Der Marmot-Damm mit seiner Höhe von 14 m bewirkte einen geregelteren Wasserzufluss in den Roslyn Lake. In den Stausee flossen insgesamt 17 m³ Wasser pro Sekunde, während an das Kraftwerk selbst lediglich 6 m³ Wasser pro Sekunde weitergeleitet wurden.[171]

Der Marmot-Damm wurde schon recht bald mit einer Fischleiter ausgestattet, welche die Wanderung von Lachsen und Regenbogenforellen ermöglichen sollte. Die Konstruktion funktionierte zunächst nur sehr mangelhaft und benötigte zahlreiche Verbesserungen, die bis in die 1990er Jahre hinein durchgeführt wurden. Im Jahre 1989 wurde die Holzkastenstützwand des Dammes durch eine Betonstruktur ersetzt. Das Kraftwerk verfügte im Jahre 2007 über eine Gesamtkapazität von 22 MW und lieferte genügend elektrischen Strom für die Versorgung von 12.000 Haushalten (Abb. 82 bis 85).[172]

---

[171] Website zum Bull Run Hydroelectric Project: https://wikipedia.org/wiki/Bull_Run _Hydroelectric_Project [5. 1. 2019].

[172] Ebd.

3.18.2 Stilllegung des Kraftwerks und Rückbaumaßnahmen

Bereits in den 1990er Jahren wurde mit dem Gedanken eines Abrisses des Marmot-Dammes gespielt. Eine Einigung zu diesem für die damalige Zeit größten Rückbauprojekt in der Hydroelektrizitätswirtschaft konnte schließlich im Jahre 2002 erzielt werden. Die Maßnahme war vor allem deshalb notwendig geworden, weil die Fischpopulation im Sandy River nach Errichtung der Staumauer stark in Mitleidenschaft gezogen worden war. Zudem hatten sich im Flusslauf im Laufe der Zeit riesige Zusatzmengen an Sedimenten abgelagert, welche nach Beseitigung des Dammes wieder ihrem natürlichen Abtransport zugeführt werden konnten.[173]

Im Jahre 2007 wurde von staatlicher Seite die Erlaubnis zur kontrollierten Sprengung des Bauwerkes erteilt. Diese wurde am 26. Juli 2007 auch durchgeführt und bedingte eine deutliche Schwächung der Baustruktur. Die darauffolgende Abtragung des Dammes erfolgte mit Presslufthämmern und nahm vier Monate in Anspruch. Ende Oktober 2007 wurde dem Sandy River wieder erstmals seit 1912 freier Lauf gelassen, wobei sich im Laufe der Jahre natürliche Fließstrukturen zu entwicklen begannen. Auch der kleine Sandy-Damm und der von ihm aufgestaute Roslyn-See fielen den Rückbaumaßnahmen zum Opfer. Ein Großteil der einst vom Gewässer überfluteten Fläche wurde in die Verantwortung von örtlichen Naturschutzagenturen übertragen.[174]

Das Kraftwerkshaus blieb letztendlich von der Abrissbirne verschont und wurde 2011 von Konservatoren historischer Baustrukturen übernommen. Gegenwärtig besteht die berechtigte Chance, dass das alte Bauwerk im National Register of Historic Places seine Auflistung erfährt. Im Jahre 2012 wurde von den Besitzern ein Event ins Leben gerufen, welches an das 100-jährige Bestehen der Anlage erinnern sollte. Drei Jahre später wurde das ehemalige Kraftwerksgelände mitsamt seiner Nebengebäude zum historischen Distrikt ernannt.[175]

---

[173] Website zum Bull Run Hydroelectric Project: https://wikipedia.org/wiki/Bull_Run
_Hydroelectric_Project [5. 1. 2019].

[174] Ebd.

[175] Ebd.

Abb. 82

Luftaufnahme des Bull Run Power Plant am Sandy River in Oregon.

Abb. 83

Historische Fotografie zum Bau des Kraftwerkhauses in den Jahren 1908 bis 1910.

Abb. 84

Gegenwärtiges Erscheinungsbild des Bull Run Power Plant in Oregon.

Abb. 85

Blick in das Innere der Maschinenhalle mit den einzelnen Turbinen-Generator-Sätzen zur Stromgewinnung.

3.19 Das Folsom Power House in Nordkalifornien

3.19.1 Allgemeine Bemerkungen und Geschichte

Diese unweit der kalifornischen Hauptstadt Sacramento gelegene, historische Kraftwerksanlage wurde im Jahre 1895 errichtet und zählte zu den ersten Wechselstromproduzenten der Vereinigten Staaten. Vor der Fertigstellung dieses Objektes nutzten nahezu alle Kraftwerke Gleichstromgeneratoren, welche von Dampfmaschinen angetrieben wurden und die erzeugte Energie an nahegelegene Abnehmer lieferten. Durch die Etablierung des Wechselstroms war es möglich geworden, mithilfe der neu erfundenen Transformatoren hohe Spannungen zu erzeugen und die elektrische Energie über längere Distanzen zu transportieren. An den Zielorten wurde der Strom in entsprechenden Stationen wieder herabtransformiert und zum Verbraucher weitergeleitet.[176]

Im Jahre 1895 beauftragte die in Sacramento ansässige Electric Power & Light Company den Architekten H. T. Knight mit der Planung der Anlage, welche innerhalb kürzester Zeit zur Fertigstellung gelangte. Für die geregelte Wasserversorgung des Werks wurde etwa zeitgleich am American River ein 200 m langer und 27 m hoher Umleitungsdamm errichtet. Durch diese Staumauer entstand ein parallel zum Fluss verlaufender, 4 km langer Kanal (East Canal), der insgesamt 2.400 m³ Wasser pro Minute an die hydroelektrische Anlage zu liefern vermochte. Da der Kanal über ein wesentlich geringeres Gefälle als der Fluss verfügte, verlief er vor seinem Eingang in das Kraftwerk rund 26 m oberhalb des natürlichen Gerinnes. Die Fertigstellung von Damm und Kanal erfolgte unter der Leitung von H. G. Livermore, der die Kraft des Wassers ursprünglich zum Antrieb einer Sägemühle nutzen wollte. Für die Bauarbeiten gelangten auch Häftlinge des in der Nähe befindlichen Staatsgefängnisses zum Einsatz.[177]

---

[176] Website zum Folsom Powerhouse State Historic Park: https://.wikipedia.org/wiki /Folsom_Powerhouse_State_Historic_Park [5. 1. 2019].

[177] Ebd.

Aufgrund der Geometrie des vom Kanal gespeisten Vorbeckens und des American River ergab sich für das Folsom-Kraftwerk eine hydraulische Fallhöhe von 26 m, von der allerdings lediglich 21 m technisch nutzbar waren, bevor das abgeleitete Wasser wieder zurück in den Fluss lief. Das Vorbecken hatte nicht nur die Funktion eines Wasserschlosses, sondern diente auch der Absetzung feiner Sedimentpartikel, welche störenden Einfluss auf das Rohrsystem nehmen konnten. Letzteres setzte sich aus vier Druckleitungen mit jeweils 2,4 m Durchmesser und zwei kleiner dimensionierten Stollen zusammen. Die Regulierung der Wasserzufuhr zu den Turbinen erfolgte mithilfe eines Schleusensystems.[178]

Das Kraftwerk stand bis zum Jahre 1952 in Betrieb. In diesem Jahr wurde der zur hydroelektrischen Anlage gehörende Damm abgetragen und durch einen wesentlich größeren ersetzt, der eine Wasserressource für modernere Stromproduzenten darstellen sollte. Die Betreiberfirma Pacific Gas and Electric, welche das historische Folsom-Kraftwerk im Jahre 1902 in ihren Besitz gebracht hatte, überließ die Anlage und einen Großteil der Innenausstattung dem Bundesstaat Kalifornien. Dieser ernannte das Bauwerk wenig später zu einem historischen Wahrzeichen und etablierte vier Jahre später einen 14 ha messenden historischen Park. Im Jahre 1981 wurde die Maschinenhalle schließlich zu einem nationalen historischen Wahrzeichen erhoben. Das zweigeschossige, aus Granitblöcken und Ziegeln bestehende Gebäude wurde seit 1895 in seinem Aussehen nicht mehr verändert. Die Generatoren und die in Marmor gefasste Schalttafel strahlen trotz ihres hohen Alters noch eine beträchtliche Imposanz aus. Anhand von historischen Fotos, Spezialausstellungen und mit Fachpersonal durchgeführten Touren wird erläutert, wie das Kraftwerk ursprünglich funktionierte und welche Bedeutung dieses für die nähere Umgebung besaß.[179]

---

[178] Website zum Folsom Powerhouse State Historic Park: https://.wikipedia.org/wiki /Folsom_Powerhouse_State_Historic_Park [5. 1. 2019].
[179] Ebd.

Die Entfernung zwischen dem historischen Wasserkraftwerk von Folsom und der Stadt Sacramento beträgt exakt 37 km. In der Ära des Gleichstroms wäre diese Distanz unüberwindbar gewesen. Erst durch die Einführung des Wechselstroms und zugehöriger Transformatoranlagen gelang ein derartiger Langstreckentransport von elektrischem Strom. Die für die Anlage konzipierten Wechselstromgeneratoren und Turbinen wurden an der Ostküste fabriziert und waren zu groß und zu schwer für den Transport auf der Schiene. Deshalb mussten sie per Schiff rund um das Kap Horn über eine Strecke von 31.000 km verfrachtet werden. Am 13. Juli 1895 fand die erste Elektrizitätslieferung nach Sacramento über das neu errichtete Leitungssystem statt. Zum damaligen Zeitpunkt standen erst zwei der vier Wechselstromgeneratoren im Dauerbetrieb. Das Folsom Powerhouse vermochte den Fernvertrieb von Wechselstrom wesentlich früher zu realisieren als das Niagara Falls Adams Power House, welches diesen Schritt erst im Jahre 1897 tätigte.[180]

3.19.2 Wichtige technische Daten der Kraftwerksanlage

Das Folsom Power House verfügte in seiner 57-jährigen Betriebsphase über eine maximale Ausgangsleistung von 3 MW und nahm damit eine aus heutiger Sicht eher kleine Dimension an. Die vier Dreiphasen-Wechselstromgeneratoren arbeiteten mit einer Frequenz von 60 Hz und produzierten eine Spannung von 11.000 V. Der erzeugte und hochtransformierte Strom wurde über eine 37 km lange Freileitung nach Sacramento geleitet, wo er für die entsprechende Versorgung betrieblicher Strukturen und kleinerer Haushalte herangezogen wurde. Als bekannte Ingenieure des Kraftwerks traten unter anderem Elihu Thomson, William Stanley und Dr. Louis Bell auf (Abb. 86 bis 89).[181]

---

[180] Website zum Folsom Powerhouse State Historic Park: https://.wikipedia.org/wiki/Folsom_Powerhouse_State_Historic_Park [5. 1. 2019].
[181] Ebd.

Abb. 86

Historisches Wasserkraftwerk am America River in Folsom 37 km östlich von Sacramento.

Abb. 87

Historische Aufnahme des in den 1890er Jahren errichteten Damms.

Abb. 88

Maschinenhalle des Folsom-Kraftwerks mit entsprechender Generatorausstattung.

Abb. 89

Ursprüngliche Transformatoren zur Erzeugung der Hochspannung.

3.20 Das Borel Power House östlich von Los Angeles (Kalifornien)

3.20.1 Allgemeine Bemerkungen und Geschichte

Das im ersten Jahrzehnt des 20. Jh. entstandene Borel-Kraftwerk verfügt über eine sehr wechselhafte Geschichte und wurde ursprünglich als Stromlieferant für das stetig wachsende Straßenbahnnetz in Los Angeles konzipiert. Die elektrische Energie wurde mithilfe von Hochspannungsleitungen zu den Verbrauchern geführt, wobei erstmals große Stahlmasten zum Einsatz gelangten. Damit konnte man den Nachweis erbringen, dass Metallträger keinen negativen Effekt auf den Langstreckentransport von Elektrizität ausüben.[182]

Die hydroelektrische Entwicklung entlang des Kern River in Zentralkalifornien setzte im Jahre 1894 ein, als die Power, Transit and Light Company mit der Konstruktion eines Kleinkraftwerks an der Mündung des Kern-Canyons begann. Im darauffolgenden Jahr wurden vonseiten der Stadt Los Angeles Wasserrechte am Fluss erworben, welche den Bau weiterer hydroelektrischer Anlagen ermöglichten. Die Realisierung dieser Projekte scheiterte zunächst jedoch noch an massivem Geldmangel. Im Jahre 1897 wurde das von PT&L errichtete Kraftwerk in Betrieb genommen, und die Stadt Los Angeles führte daraufhin einige Wasserbauarbeiten zur Wahrung der am Fluss erworbenen Rechte durch.[183]

Diese Tätigkeiten fanden bis 1902 ihre kontinuierliche Fortsetzung, ehe es durch Henry E. Huntington zur Gründung der Pacific Light and Power Company kam. Der Unternehmer hatte bereits 1898 das Straßenbahnsystem in Los Angeles in seinen Besitz gebracht und nachfolgend mehreren Modernisierungsprozessen unterzogen. Da die Straßenbahn zum beliebtesten Nahverkehrsmittel der Stadt avancierte und demzufolge ein stetiges Wachstum erfuhr, erwarb PL&P den gesamten Kern River und die

---

[182] T. Gibson, B. McGurty, Hydro Hall of Fame: Borel: A Historical Powerhouse Overcomes Challenges, in: Hydro Review 10/2011 (2011), http://www.hydroworld.com/index/hydro-review-current-issue. html [5. 1. 2019].

[183] Ebd.

vormals von Los Angeles angekauften Wasserrechte. Nach Abschluss dieser ersten wichtigen Schritte wurde mit dem Bau des Borel-Kraftwerks begonnen, welches im Jahre 1904 schließlich seine Fertigstellung erfuhr.[184]

Die Errichtung der 10 MW-Anlage erwies sich teilweise als äußerst komplex. Für den Materialtransport gelangten Maultiere zum Einsatz, welche sich auf dem steinigen und teils sehr steilen Terrain am besten fortbewegen konnten. Die durch die Gebirgslandschaft führenden Pfade wurden eher notdürftig mit Pickeln und Schaufeln errichtet. Der für den Damm- und Maschinenhallenbau benötigte Beton wurde im 70 km entfernten Tehachapi gemischt und unter Zuhilfenahme spezieller Transportgefährte zu den Baustellen befördert. Einzelne Baumaschinen, welche für die Realisierung des Großprojektes unverzichtbar waren, wurden vom 60 km entfernten Caliente heranverfrachtet. Die Wasserverbindung zwischen Damm und Kraftwerk wurde ursprünglich mit speziellen Pflügen aus dem Boden geschrammt, wobei hier kleinere Gruppen von Maultieren oder Pferden die entsprechende Zugkraft lieferten.[185]

Rund um das in Entstehung begriffene Kraftwerk schossen kleinere Dörfer empor, welche die Arbeiter und deren Familien beherbergten. Die ursprünglich errichteten Häuser wurden später von den in der Anlage tätigen Bediensteten und Hydrografen übernommen. In seiner Frühphase wurde das Kraftwerk über einen rund 18 km langen Kanal direkt vom Kern River mit Wasser versorgt. Das künstliche Gerinne war etwa 17 m breit und 3 m tief und verfügte noch nicht über eine ausreichende Befestigung der Wände und des Bodens. An manchen unwegsamen Stellen teilte es sich in mehrere Arme auf, um einen größeren Wasserverlust und eine damit verbundene Reduktion der Kraftwerkseffizienz zu vermeiden.[186]

Als besonders vorteilhaft erwies sich das geringe Gefälle des Wasserzuflusses von lediglich 0,0189 %. Dies hatte nämlich zur Folge, dass man

---

[184] Gibson, McGurty, Hydro Hall of Fame: Borel (Anm. 182).
[185] Ebd.
[186] Ebd.

unmittelbar beim Kraftwerkshaus eine maximale hydraulische Fallhöhe von knapp 80 m erzeugen konnte. Das aus dem höher gelegenen Vorbecken stammende Wasser wurde mithilfe von fünf Druckrohren, welche eine Länge von etwa 150 m und einen Durchmesser von 150 cm besaßen, über die Turbinen geleitet. Die Energieerzeugung erfolgte durch fünf horizontal orientierte Turbinen-Generatoren-Einheiten. Der gewonnene Strom wurde auf eine Spannung von 55 kV hochtransformiert und über eine 200 km lange Freilandleitung nach Los Angeles transportiert.[187]

Für die Realisierung des Borel-Kraftwerks stand ein relativ knapp bemessenes Budget zur Verfügung, was in erster Linie darauf zurückzuführen war, dass Huntington zuvor Großinvestitionen auf dem südkalifornischen Immobilienmarkt getätigt hatte. Als Konsequenz dessen musste die Anlage schon früh gröberen Reparaturen und Restaurierungen unterzogen werden. Im Jahre 1912 wurden bereits alle fünf Turbinen durch neue Schaufelräder ersetzt, wobei für den Antransport einer einzelnen Maschine spezielle, von 18 Maultieren gezogene Wagen ihre Verwendung fanden.[188]

Irgendwann zwischen den späten 1920er und frühen 1930er Jahren wurde ein Maschinensatz mit zugehörigen Hochdruckleitungen aus dem Kraftwerk entfernt. Wenig später wurde die Anzahl der Turbinen und Generatoren nochmals jeweils um eine Einheit reduziert, während die Wasserzufuhr erhalten blieb. Der dritte und vierte Maschinensatz wurde daraufhin zu einer größeren und moderneren Einhait zusammengefasst. Im Jahre 1947 wurde die hydroelektrische Anlage teilautomatisiert, wodurch noch die Anwesenheit einer größeren Personalkapazität nötig war. Diese reduzierte sich jedoch sukzessive und erreichte 1957 ihren bis heute gültigen Tiefststand.[189]

---

[187] Gibson, McGurty, Hydro Hall of Fame: Borel (Anm. 182).
[188] Ebd.
[189] Ebd.

Im Jahre 1948 wurde mit dem Bau einer neuen Dammanlage begonnen, welche nicht nur als Wasserspeicher dienen, sondern auch die unmittelbare Umgebung vor größeren Überflutungen bewahren sollte. Die Fertigstellung der Staumauer erfolgte im Jahre 1953. Durch die Bildung eines Stausees im oberen Teil des Kern-Tales ging ein Teil jener Kanalstruktur verloren, welche das Borel-Kraftwerk 50 Jahre lang mit Wasser versorgt hatte. Diese wurde in nachfolgenden Jahren durch ein moderneres Gerinne ersetzt. Obwohl der durch den Damm erzeugte See über eine bemerkenswerte Größe verfügt, überschreitet sein Füllstand aus geologischen und ökologischen Gründen niemals einen gewissen Sollwert. Das daraus stammende Wasser wird unter anderem ins San Joaquin Valley zur Bewässerung von Plantagen transportiert.[190]

Im Jahre 1954 wurde zwischen Elektrizitätsindustrie und den Verantwortlichen der regionalen Bewässerung vereinbart, dass es immer genügend Wasserreserven für den Betrieb des Borel-Kraftwerks geben müsse. Diese Übereinkunft besitzt bis zum heutigen Tag ihre weitgehende Gültigkeit. In den 1990er Jahren kam es zu einer Restrukturierung der kalifornischen Elektrizitätswirtschaft, die unter anderem eine zum Teil rasante Vermehrung der auf dem Markt konkurrierenden Energieunternehmen zur Folge hatte. Alte Stauwerke und Kanalstrukturen wurden wegen Bedenken vonseiten der Seismologie und aufgrund ihrer ständigen Undichtheit abgetragen, wodurch letztlich historisch relevante Objekte verlorengingen.[191]

Im Jahre 2004 wurde das 100-jährige Bestehen des Borel-Kraftwerks mit einem Festessen, Ansprachen und Rundgängen gefeiert, wobei sich unter den Teilnehmern der Festlichkeiten zahlreiche ehemalige Mitarbeiter des Betriebs befanden. Sechs Jahre später wurden zwei große Restaurationsprojekte gestartet, von denen das eine die Erneuerung des Vorbeckens umfasste, das andere hingegen die Modernisierung der Transformator-

---

[190] Gibson, McGurty, Hydro Hall of Fame: Borel (Anm. 182).
[191] Ebd.

station ins Auge fasste. Beide Arbeiten fanden im März des Jahres 2011 ihren Abschluss.[192]

3.20.2 Gegenwärtiger Betrieb des Borel-Kraftwerks

Die hydroelektrische Anlage am Kern River beinhaltet heute insgesamt drei Maschinensätze, welche eine Gesamtkapazität von 12 MW besitzen. Das Objekt befindet sich auf einem öffentlichen Grundstück inmitten des Sequoia-Nationalparks und gilt nach wie vor als unverzichtbarer Energielieferant innerhalb des südkalifornischen Stromnetzes. Das Wasserkraftwerk zeichnet sich gegenüber anderen Energieerzeugern vor allem dadurch aus, dass es eine hohe Kosten- und Energieumwandlungseffizienz besitzt. Seine wesentliche Aufgabe besteht freilich darin, vor allem in Zeiten des Spitzenverbrauchs saubere Energie ins Stromnetz einzuspeisen.[193] Gegenwärtig ist das alte Maschinenhaus noch gut erhalten und weist eine schlichte, mit manchen klassizistischen Stilelementen durchsetzte Architektur auf. Das zweigeschossige Gebäude mit einfachem Satteldach besitzt längsseitig einen Anbau, in welchem unter anderem Werkstätten und Ersatzteillager untergebracht sind. Während auf der Hinterseite der Halle die vom Berg herablaufenden Hochdruckleitungen einmünden, schließen an die Vorderseite die Transformatorstation und die Hochspannungsleitungen an, über welche der elektrische Strom zu den 200 km entfernten Verbrauchern nach Los Angeles transportiert wird.[194] Die letzte Phase der Restauration des Borel-Kraftwerks betraf den Kontrollraum. Die Anlage wurde mittlerweile voll automatisiert, wobei für diese zwischen 2014 und 2015 durchgeführte Modifikation eine Stilllegung der Wasserzufuhr veranlasst werden musste. Hier wurde die Zeit gleich auch dafür genutzt, die einzelnen Wasserleitungen und Schleusensysteme einer gründlichen Überholung zu unterziehen (Abb. 90 bis 94).[195]

---

[192] Gibson, McGurty, Hydro Hall of Fame: Borel (Anm. 182).
[193] Ebd.
[194] Ebd.
[195] Ebd.

Abb. 90

Historische Aufnahme des Borel Power House in Zentralkalifornien.

Abb. 91

Detailaufnahme des Krafthauses mit Leitungssystem im Hintergrund.

Abb. 92

Blick in die Maschinenhalle des Borel-Kraftwerks mit einzelner großer Turbine

Abb. 93

Maschinenhalle der hydroelektrischen Anlage mit einzelnen Arbeitern.

Abb. 94

Gegenwärtiges Erscheinungsbild des Borel-Kraftwerks.

3.21 Das Wasserkraftwerk am Santa Ana River (Kalifornien)

3.21.1 Allgemeine Bemerkungen und Geschichte

Ende des 19. Jh. stellte die Wasserkraft in Kalifornien die bevorzugte Quelle zur Produktion von elektrischer Energie dar, weil sie einerseits in hohen Mengen vorhanden war, andererseits aber auch einen kostengünstigeren Rohstoff als die fossilen Brennstoffe repräsentierte. In den 1890er Jahren wurden vor allem im Süden des Bundesstaates etliche Kraftwerksprojekte ins Leben gerufen, unter denen jene am Santa Ana River in den Bergen von San Bernardino gelegene hydroelektrische Anlage in besonderem Maße hervorzuheben ist. Die Bauarbeiten an diesem Werk starteten im Frühjahr 1897, nachdem die in Los Angeles ansässige Edison Electric Company den Ankauf des Überschussstroms zugesagt hatte. Die Anlage war von Voneherein auf die Erzeugung von Hochspannungsstrom und dessen Transport nach Los Angeles ausgelegt.[196]

Das Kraftwerk am Santa Ana River bezieht sein Wasser aus einem flussaufwärts gelegenen Staubereich. Dieses wird durch ein System von Tunnels und Gerinnen geleitet, ehe es das oberhalb des Maschinenhauses positionierte Vorbecken erreicht. Von dort aus wird es durch Hochdruckleitungen, welche einen Höhenunterschied von ungefähr 245 m überwinden, zu den Turbinen geführt. Die Konstruktion der hydroelektrischen Anlage erwies sich aufgrund des weit abgelegenen und schroffen Terrains als schwierig. Das Bauprojekt war darauf ausgelegt, genügend Platz für insgesamt sechs Maschinensätze zu bieten, wobei jede Turbinen-Generator-Kombination über eine eigene Wasserversorgung zu verfügen hatte. Letztendlich gelangten lediglich vier derartige Einheiten zur Realisation.[197]

Die eigentliche Innovation des Werkes stellte dessen Hochspannungsleitung dar, welche den elektrischen Strom über eine Entfernung von knapp

---

[196] Th. T. Taylor, Santa Ana River No. 1: A Pioneer in Hydro Generation, Power Transmission, in: Hydro Review 8/99 (1999), 1-2.
[197] Ebd., 2-3.

150 km zur zugehörigen Transformatorstation in Los Angeles beförderte. Als hauptsächliches Problem hinsichtlich des Leitungsbaus erwies sich die Wahl des richtigen Isolators. Die Verwendung von speziellem Porzellanmaterial brachte zwar erhebliche Fortschritte in der Leitungstechnik, konnte jedoch nicht die Bildung einer elektromagnetischen Korona verhindern, welche sich in nahegelegenen Telefonleitungen durch statische Hintergrundgeräusche bemerkbar machte. Durch systematische Umlagerung der einzelnen Stromkabel gelang es schlussendlich, die in der Telekommunikation auftretenden Störgeräusche zu eliminieren. Nachdem die gröbsten Probleme in Bezug auf die Stromübertragung einer zufriedenstellenden Lösung zugeführt worden waren, wurden alle Einheiten des Kraftwerks im Jänner 1899 ans Netz angeschlossen. Bald nach Inbetriebnahme der Anlage stellte sich heraus, dass die Kupferdrähte bei regnerischem und nebeligem Wetter relativ hohe Verluste an elektrischer Energie erlitten.[198]

Die technische Ausstattung des Wasserkraftwerks am Santa Ana River blieb über die Jahrzehnte relativ unverändert. In den Jahren 1946 bis 1948 wurde das ursprüngliche 50-Hz-System auf den neuen Industriestandard von 60 Hz umgestellt, wodurch der erzeugte Strom an einen erweiterten Kundenkreis geliefert werden konnte. Zudem erfolgte eine Steigerung der Produktionskapazität. Bis zum Jahre 1907 galt die hydroelektrische Anlage als Zugpferd der Firma Edison Electric; danach wurde diese Rolle an das etwa sechsmal größere Kraftwerk am Kern River übertragen. Heute steht die Anlage am Santa Ana River im Besitz von Southern California Edison. Das Unternehmen zählt insgesamt 36 Wasserkraftwerke mit einer Gesamtkapazität von 1.150 MW zu seinem Eigentum. Dabei spielen die historischen Objekte sicherlich nur mehr eine untergeordnete Rolle.[199]

---

[198] Taylor, Santa Ana River No. 1 (Anm. 196), 3-4.
[199] Ebd., 3.

3.21.2 Technische Daten des Kraftwerks

Aus technischer Sicht zeichnet sich das Wasserkraftwerk am Santa Ana River durch einige Besonderheiten aus, auf welche bereits zum Teil weiter oben eingegangen wurde. Die hydraulische Fallhöhe von ungefähr 245 m sorgt dafür, dass durch jede Turbine 2,7 m³ Wasser pro Sekunde strömen. Dies hat eine elektrische Gesamtkapazität von 3,8 MW und eine durchschnittliche Jahresproduktion von 12.351 MWh zur Folge. Bei den Schaufelrädern handelt es sich um drei Pelton-Turbinen und eine Doppelturbine, die eine maximale Rotationsgeschwindigkeit von 300 Umdrehungen pro Minute und eine Leistung von jeweils 1.000 PS zu liefern vermögen. Die von General Electric produzierten Generatoren sind jeweils mit 20 Elektromagneten bestückt und zeichnen sich durch eine Leistung von 800 kW, eine Spannung von 2.400 V und eine Frequenz des erzeugten Wechselstroms von 60 Hz aus.[200]

Das vollständig aus Beton gefertigte Maschinenhaus besitzt ein einfaches Wellblechdach, welches auf einer ziemlich komplexen Konstruktion aus Stahltrossen aufsitzt. Die lediglich ein Stockwerk umfassende Halle verfügt über eine Länge von 42 m und eine Breite von 15,5 m, wobei die Maschinensätze und zugehörigen Schalttafeln allesamt in Reih und Glied angeordnet sind. Die Versorgung des Vorbeckens mit Wasser erfolgt über 18 mit Beton ausgekleidete Tunnels (1,6 x 2,2 m) und 18 mit Holzplanken ausgelegte, oberirdische Gerinne (1,6 m breit, 1,8 m tief). Die aus Stahl gefertigten Hochdruckleitungen, welche vom Wasserschloss zum Maschinenhaus führen, zeichnen sich durch einen Durchmesser von 75 cm aus und wurden in speziellen Gräben verlegt. Für die Sammlung und Ableitung des Wassers in die Tunnels und Gerinne zeichnen zwei kleinere Dämme verantwortlich, welche ebenfalls aus Beton errichtet wurden. Der auf 33 kV hochtransformierte Strom wurde ursprünglich direkt nach Los Angeles geleitet, läuft heute jedoch nur mehr zur 25 km entfernten Cardiff Substation in San Bernardino (Abb. 95 bis 98).[201]

---

[200] Taylor, Santa Ana River No. 1 (Anm. 196), 3.
[201] Ebd., 3.

Abb. 95

Blick auf das Wasserkraftwerk am Santa Ana River in Südkalifornien.

Abb. 96

Maschinenhalle des Kraftwerks mit sehr schlichter, von jeglichen klassizistischen Stilelementen absehender Architektur.

Abb. 97

Historische Aufnahme des Innenraums der Maschinenhalle mit Generatoren und Schalttafeln.

Abb. 98

Historische Fotografie zum Bau des Maschinenhauses mit entsprechender Anlegung der Turbinenschächte.

Kapitel 4

Zusammenfassung und Schlussfolgerungen

Kapitel 4
Zusammenfassung und Schlussfolgerungen

4.1 Zusammenfassende Erkenntnisse aus der vorliegenden Studie

Aus den vorangegangenen Kapiteln lässt sich schlussfolgern, dass die Hydroelektrizitätsindustrie in den Vereinigten Staaten über eine fest in der neueren Wirtschaftsgeschichte verankerte Position verfügt. Wie weiter unten noch näher auszuführen sein wird, ging die Entwicklung der Verstromung von Wasserkraft Hand in Hand mit der Industrialisierung traditioneller Gewerbe, unter welchen die Textilerzeugung und Metallverarbeitung besonders hervorzuheben sind. Die mit der kommerziellen Nutzung der Hydroenergie verbundene Elektrifizierung der Fabriken galt letzendlich als Impuls für einen vor allem an der Wende vom 19. zum 20. Jh. einsetzenden ökonomischen Aufschwung, aus dem das Land noch viele Jahrzehnte seinen Nutzen zu ziehen vermochte.

Wie an entsprechender Stelle festgehalten wurde, repräsentierten die Vereinigten Staaten zunächst keinen Elektrizitätspionier, so dass erste Innovationen wie die Etablierung der Gleichstromtechnik oder die unterirdische Verkabelung zwischen Energieerzeuger und -verbraucher jenseits des Atlantiks stattfand. Aus der einschlägigen Literatur lässt sich überhaupt eine anfängliche Skepsis der Gesellschaft und des Gewerbes gegenüber Elektrizität herauslesen, was nach heutiger Auffassung auf mehrere Ursachen zurückgeführt werden kann. Der elektrische Strom war eine nicht greifbare, jedoch bei falscher Handhabung durchaus gefährliche Ressource, die von vielen Menschen als Zauberei oder Effekthascherei abgetan wurde. Diese Negativhaltung wurde noch durch den Umstand verstärkt, dass nur die wenigsten die hinter der Elektrotechnik stehenden physikalischen Prinzipien verstanden. Als weiterer Hemmschuh für eine breite Akzeptanz der Elektrizität galten die weite Verbreitung und weitgehende Zuverlässigkeit der Dampfmaschine, welche sich in den Fabriken als Antriebssystem etablieren konnte. Hier spielte es zunächst auch keine größere Rolle, dass für die Inbetriebnahme der Maschine große Mengen an fossilen Brennstoffen (Kohle) aufgewendet werden mussten, welche für das jeweilige Unternhmen signifikante Kosten verursachten.

Ab den späten 1880er Jahren begann sich allmählich das Blatt zugunsten der Hydroelektrizität zu wenden, und die Vereinigten Staaten stiegen vom einstigen Nachzügler zum Vorreiter hinsichtlich der Nutzung von Wasserkraft auf. Durch den Umstand, dass der Elektromotor im Vergleich zur Dampfmaschine die wesentlich kostengünstigere Antriebsvariante in den Fabriken repräsentierte, fielen vonseiten der Wirtschaft nach und nach die bestehenden Ressentiments gegenüber der Hydroenergie weg. Unterstützt wurde diese positive Entwicklung auch noch durch die regelmäßig bei Weltausstellungen vorgeführten Spektakel mit elektrischem Licht, welche beim zahlreich heranströmenden Publikum große Begeisterung auslösten.

Natürlich muss hier einschränkend festgehalten werden, dass die Nutzung der Wasserkraft zunächst eine gewisse Ortsgebundenheit der Verbraucher – sei es Privathaushalt oder Gewerbe – nach sich zog. Die Verwertung der Hydroenergie konnte nur an natürlichen oder künstlichen Wasserläufen erfolgen, und die Bezieher des elektrischen Stroms durften bestenfalls einige hundert Meter vom Produktionsort entfernt liegen. Bei jenen Fabriken, welche bereits zuvor die Kraft des Wassers durch entsprechende Mühlen genutzt hatten, stellte die Elektrifizierung ein relativ geringes Problem dar. Ganz anders sah die Sache jedoch bei den gewerblichen Produktionen aus, die weit abseits von Fließgewässern lagen (zum Beispiel Bergbaubetriebe, Erzaufbereitung), aber dennoch die Verwertung von elektrischem Strom anstrebten. Hier wurden die stromerzeugenden Generatoren zunächst durch Dampfmaschinen angetrieben, so dass sich ein kostspieliges Dreikomponentensystem (Dampfmaschine – Generator – Elektromotor) ergab.

Um die oben genannten Probleme hinsichtlich der effizienten Nutzung von Hydroenergie einer zufriedenstellenden Lösung zuführen zu können, wurden in den Vereinigten Staaten schrittweise technische Innovationen entwickelt, welche die Wasserkraft über Jahrzehnte zu einem führenden Energieträger avancieren ließen (Abb. 99). Unterstützt wurde dieser Prozess noch durch den Umstand, dass sich führende Erfinder im Bereich der Elektrotechnik vor Ort befanden und die für die Erzeugung von elektrischem Strom benötigten Apparaturen großteils aus inländischen Industrieproduktionen stammten. Die beiden Unternehmen Westinghouse und General Electric galten viele Jahre als führende Produzenten von Wechselstromgeneratoren, welche teils enorme Dimensionen erreichten und mithilfe spezieller Güterzüge oder Lastenschiffe zu den Kraftwerken transportiert wurden.

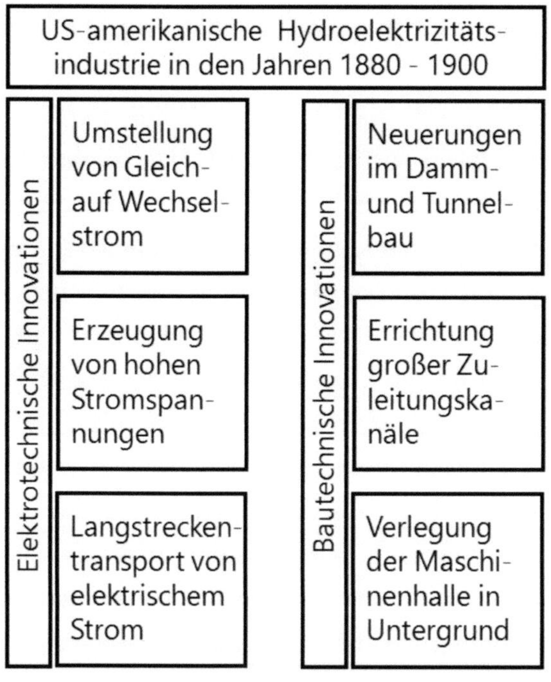

Abb. 99

Innovationen in der frühen US-amerikanischen Hydroelektrizitätsindustrie.

Eine erste erwähnenswerte Innovation im Bereich der Hydroelektrizität, welche in den Vereinigten Staaten in größerem Maße zur Realisation gelangte, war die Umstellung von Gleich- auf Wechselstrom. Dieser Schritt vollzog sich vermehrt ab den 1890er Jahren und war mit einem intensiven Glaubensstreit verbunden. Während sich jene rund um Thomas Alva Edison versammelte Expertengruppe vehement für die Beibehaltung der Gleichstromtechnik aussprach, galten Nicola Tesla und seine Anhänger als Befürworter der Wechselstromtechnik. Der Siegeszug des Wechselstroms gründete im Wesentlichen darauf, dass dessen Spannung unter Zuhilfenahme eines Transformators beliebig veränderbar war. Niedrige Gleichstromspannungen konnten infolge hoher Energieverluste an den Stromleitungen nur über sehr kurze Strecken verteilt werden. Ganz anders sah die Sache hingegen bei hochtransformiertem Wechselstrom aus, welcher sich als geeignet für den Langstreckentransport erwies und somit eine weitere Innovationswelle in der Elektrotechnik anstieß.

Ab den späten 1890er Jahren verfolgte man vonseiten der Hydroelektrizitätsindustrie das vorrangige Ziel einer Stromversorgung von weiter entfernten Verbrauchern. Eine erfolgreiche Umsetzung dieses Vorhabens hatte zur Folge, dass sich einerseits der Kundenkreis einzelner Wasserkraftwerke schlagartig erweiterte und andererseits den unrentablen Dreikomponentensystemen eine ernsthafte Konkurrenz erwuchs. Am Ende des 19. Jh. konnte man mithilfe oberirdischer Hochspannungsleitungen bereits Distanzen von über 100 km überwinden, wodurch eine neue Ära in der Produktion von elektrischem Strom eingeläutet wurde. Durch die sukzessive Verbesserung der Stromkabelisolierung und des Transformationsprozesses konnten die Transportentfernungen stetig gesteigert werden. Bald galt es als Normalität, dass in ländlichen Gebirgsregionen gelegene Wasserkraftwerke ihren produzierten Strom an weit entfernte Städte und Industriestandorte lieferten. Die Vereinigten Staaten übernahmen in dieser Hinsicht ohne Zweifel eine Vorreiterrolle. Heute geht der Trend wieder vermehrt zurück zum Gleichstrom, der unter Anwendung modernster Technik mehr oder weniger verlustfrei vom Produzenten zum Verbraucher geleitet und dort in Wechselstrom umgewandelt wird.

Die oben genannten elektrotechnischen Innovationen gingen Hand in Hand mit zahlreichen bautechnischen Erneuerungen, welche erstmals auf US-amerikanischem Boden ihre Realisierung fanden. Bereits in den 1880er Jahren machten sich die Vereinigten Staaten im Damm- und Tunnelbau einen Namen, wobei Bauweisen und unterirdische Vortriebstechniken die Errichtungszeiten und -kosten stark reduzierten. Auch die Konstruktion großer hydroelektrisch genutzter Kanalsysteme fand zuallererst in verschiedenen Bundesstaaten im Osten Amerikas statt. Das erste Wasserkraftwerk mit vollständig in den Untergrund verlegter Generatorhalle entstand Mitte der 1890er Jahre im Bundesstaat Washington. Die aus der Frühzeit der Wasserkraftnutzung gewonnenen Erkenntnisse fanden bei späteren Großprojekten wie der Tennessee Valley Authority in den 1930er Jahren ihre unmittelbare Umsetzung, sorgten aber auch dafür, dass die Vereinigten Staaten lange Zeit die führende Nation im Damm- und Kraftwerksbau repräsentierten.

Es gibt gegenwärtig noch nicht allzu viele Studien, welche sich im Detail mit der Wirkung der Hydroelektrizitätsproduktion auf die US-amerikanische Wirtschaftsentwicklung befassen. Klar ist jedoch, dass am Ende des 19. Jh. die Ressource Wasserkraft gegenüber fossilen Energieträgern zunehmend an Bedeutung gewann. Die Verstromung der Wasserkraft und ihr Einfluss auf die Industrialisierung der Vereinigten Staaten lässt sich am besten in drei Stufen beschreiben. In der frühesten Phase der Elektrifizierung profitierten vor allem jene wirtschaftlichen Betriebe in unmittelbarer Nähe eines neu entstandenen Kraftwerkes. Die elektrische Beleuchtung der Fabriken ermöglichte es zunächst, einen effizienteren Mehrschichtbetrieb zu etablieren. Die Elektrifizierung der Produktion stellte sich im Laufe der Zeit als zuverlässiger und kostengünstiger als der Gebrauch der Dampfmaschine heraus, wodurch mehr finanzielle Mittel in den Rohstofferwerb und den Produktvertrieb gesteckt werden konnten. All diese Entwicklungen hatten freilich zur Folge, dass vormals kleine Betriebe stetig an Größe zunahmen und in zahlreichen Traditionsgewerben eine mehr oder weniger starke Massenproduktion einsetzte.

Die zweite Phase der Synergie zwischen Hydroelektrizitätswirtschaft und Industrie setzte an der Wende vom 19. zum 20. Jh. mit der oben genannten Stromverteilung über größere Distanzen ein. Nachdem sich das produzierende Gewerbe zunächst noch skeptisch gegenüber dem Langstreckentransport von Elektrizität und dessen kommerzieller Verwertung gezeigt hatte, floss der Strom vor allem in private Haushalte und in die Infrastruktur. Die Elektrifizierung der Regional- und Straßenbahn erwies sich innerhalb des wirtschaftlichen Aufstiegs der Vereinigten Staaten als bedeutender Schritt, da sie mittelfristig zu einer Reduktion der Transportkosten führte. Zudem erfuhr das Eisenbahnnetz insbesondere im Osten des Landes eine signifikante Verdichtung, wodurch viele vormals verlassene Gebiete für die Niederlassung von Großbetrieben interessant wurden. Die zweite Stufe hatte somit einen indirekten Einfluss auf die industrielle Entwicklung des Landes.

In der dritten Phase ließ man vonseiten der Industrie allmählich die Skepsis gegenüber den modernen Konzepten von überregionalem Stromtransport und regionaler Stromverteilung fallen. Immer mehr Betriebe bezogen ihre Elektrizität von weiter entfernten Produzenten, welche aufgrund ihrer Größe preislich mit den Nahversorgern mithalten oder diese sogar unterbieten konnten. Das stetig steigende Interesse der Industrie an der Wasserkraft hatte zur Folge, dass die Anzahl der hydroelektrischen Anlagen ab 1900 einen exponentiellen Anstieg erfuhr (siehe Kapitel 3.1) und enorme Investitionen in die Verbesserung der Stromtechnik flossen. Die schlagartige Vermehrung der Wasserkraftwerke führte ihrerseits zu einem Anstieg des Stromangebots und einem sukzessiven Preisverfall der elektrischen Energie, wodurch eine wesentliche Grundlage für die Entstehung neuer Industriebetriebe geschaffen wurde. Diese Wechselwirkung zwischen Energiewirtschaft und Industrie hielt zumindest bis 1925 an.

4.2 Zukünftige Ziele der US-amerikanischen Hydroelektrizitätswirtschaft

Die US-amerikanische Verstromung der Wasserkraft deckt gegenwärtig etwa 7 % des gesamten nationalen Bedarfs an elektrischer Energie und spielt damit bei der Erstellung zukünftiger Energiestrategien und -konzepte eine nicht unerhebliche Rolle. Die mit der Nutzung von Hydroenergie in Verbindung stehende Zukunftsvision zielt vor allem darauf ab, die Kosten und die CO_2-Gesamtbilanz dieses erneuerbaren Energieträgers möglichst niedrig zu halten. Die Wasserkraft soll zudem gemäß ihrer beinahe 150-jährigen Tradition zur Stimulation der Ökonomie in den einzelnen Bundesstaaten beitragen und eine Vorreiterrolle im Bereich des Umweltschutzes einnehmen. All diese Maßnahmen stellen laut dem vom US-Energieministerium herausgegebenen Hydropower Vision Report eine Grundlage dafür dar, dass die Hydroenergie nachhaltig zum Wohl der US-amerikanischen Nation beitragen kann.[202]

Der Hydropower Vision Report enthält einen genauen Fahrplan, welcher all jene zukünftigen Aktionen zur nachhaltigen Etablierung der Hydroenergie in der Ökonomie definiert. Wie der nachfolgenden Abbildung entnommen werden kann, gründen diese Zukunftskonzepte im Wesentlichen auf drei Säulen, die auch als maßgeblich für kommende Forschungsinitiativen auf dem Gebiet der Verstromung von Wasserkraft sind (Abb. 100).[203]

Die erste Grundsäule betrifft den Prozess der Optimierung. Dabei soll die bereits bestehende Gruppe an Wasserkraftwerken in Bezug auf ihre Gesamtleistung untersucht werden. Überall dort, wo noch verstecktes energetisches Potenzial vorhanden ist, soll dieses nach Abwägung der Rentabilität genutzt werden. Die so an ihr Optimum herangeführte Hydroelektrizität soll vorteilhaft auf die nationale und regionale Ökonomie einwirken, zum Erhalt der kritischen nationalen Infrastruktur beitragen und – wahrscheinlich der wichtigste Punkt von allen – die Energiesicherheit erhöhen.[204]

---

[202] U.S. Department of Energy, Hydropower Vison (Anm. 50), 54-68.
[203] Ebd., 1-5.
[204] Ebd., 1-5.

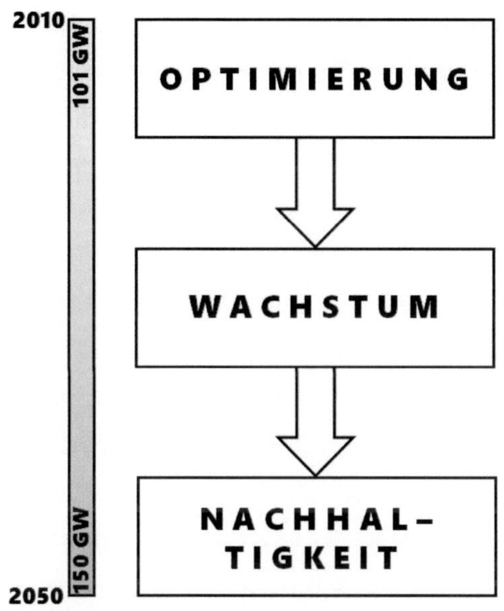

Abb. 100

Grundlagen zukünftiger Konzepte in der US-amerikanischen Hydroelektrizitätsindustrie und Steigerungspotenzial zwischen 2010 und 2050.

Die zweite Grundsäule wird durch den Faktor Wachstum repräsentiert. Steigende Bevölkerungszahlen und wachsende Wirtschaft führen in den kommenden Jahrzehnten zu einer nichtlinearen Erhöhung des nationalen Energiebedarfs. Dies hat freilich zur Folge, dass neben der Optimierung bestehender Wasserkraftanlagen auch der Bau neuer Stromproduktionen auf Basis dieses erneuerbaren Energieträgers angedacht werden muss. In den Vereinigten Staaten werden zu diesem Zweck bereits zahlreiche Machbarkeitsstudien durchgeführt, welche realistische Langzeitszenarien bezüglich des Baus zusätzlicher Kraftwerke entwickeln. Hauptsächliches Ziel dabei ist es, mit der erneuerbaren Energieressource möglichst verantwortungsvoll umzugehen und die ökologischen Folgen neuer Bauprojekte stets im Hinterkopf zu behalten.[205]

---

[205] U.S. Department of Energy, Hydropower Vison (Anm. 50), 54-68.

Die dritte Grundsäule soll nochmals die Rolle der Nachhaltigkeit von zukünftigen hydroelektrischen Konzepten in den Vordergrund stellen. Dabei soll immer Klarheit darüber bestehen, dass die aus der Wasserkraft bezogenen Beiträge zum Gesamtenergiebedarf des Landes in Einklang mit jenen Zielen stehen, welche von Seiten des Umweltschutzes und der Wasserwirtschaft definiert wurden. Gerade diese synergetische Sichtweise steht zurzeit in den Vereinigten Staaten trotz überdurchschnittlichem Wirtschaftswachstum in sehr hoch im Kurs.[206]

Wenn man die mit der US-amerikanischen Wasserkraft in Verbindung stehenden Zukunftsvisionen zusammenfasst, gelangt man zu dem Schluss, dass erneuerbare Energien im Strommix eine immer prominentere Rolle spielen werden. Wasserkraft als saubere Energieform besitzt den Vorteil, dass kurzfristige Optimierungsprozesse bereits zu einer erheblichen Kapazitätssteigerung führen können und langfristige Entwicklungsstrategien nochmals eine signifikante Vergrößerung des hydroelektrischen Potenzials nach sich ziehen werden. Man geht heute davon aus, dass große Pumpspeicherkraftwerke die zukünftige Hydroenergielandschaft der Vereinigten Staaten sehr stark mitbestimmen werden, da bei ihnen eine zweckgebundene Verwertung von Überschussenergie erfolgt. Das Energieministerium rechnet zudem vor, dass die Optimierung alter Anlagen und die Schaffung neuer enorme Konsequenzen für den Arbeitsmarkt haben werden. Die nachhaltige Vermeidung von Schadstoffemissionen bewirkt darüber hinaus eine Senkung der Mortalität und die Reduktion von damit in Verbindung stehenden ökonomischen Schäden. Insgesamt besteht die Auffassung, dass die gegenwärtige Kapazität der Wasserkraft von etwa 101 GW bis 2050 noch auf 150 GW gesteigert werden könnte.[207]

---

[206] U.S. Department of Energy, Hydropower Vison (Anm. 50), 95-98; ergänzend: https://www.energy.gov/eere/water

[207] U.S. Department of Energy, Hydropower Vison (Anm. 50), 236; ergänzend: https://www.energy.gov/eere/water

Literatur

Monografien und Zeitschriftenartikel

A. D. **Adams**, Electric Transmission of Water Power, McGraw, New York 1906.

Anonymus, Water Power for Electric Lighting, in: Electrical World 8/21 (1886), 84.

Anonymus, T. W. Sullivan: Power Station at the End of the Oregon Trail, in: Hydro Review 10/95 (1995), 1-2.

Anonymus, Stairs Station: Competing for the Power Market 100 Years Ago, in: Hydro Review 10/95 (1995), 1-2.

R. **Belfield**, The Niagara System: The Evolution of an Electric Power Complex at Niagara Falls, 1883-1896, in: Proceedings of the IEEE 9/76 (1976), 1344-1350.

J. A. **Besha**, The Historic Mechanicville Hydroelectric Station, Part 2: Changes Through the Years, in: IEEE Industrial Applications Magazine 3, 4/2007 (2007), 8-10.

B. **Bowers**, A History of Electric Light & Power, Peter Peregrinus Ltd., London 1982.

Bundesministerium für Umwelt, Naturschutz und Reaktorsicherheit (BMU), Erneuerbare Energien – Innovationen für die Zukunft, BMU, Berlin 2009.

V. **Crastan**, Elektrische Energieversorgung 2, Springer-Verlag, Heidelberg 2004.

J. H. **Dales**, Hydroelectricity and Industrial Development: Quebec 1898-1940, Harvard University Press, Cambridge 1957.

L. G. **Denis**, A. V. **White**, Water-Powers of Canada, Mortimer Co., Ottawa 1911.

W. H. **Doze**, High Dams and Slack Waters, Louisiana State University Press, Baton Rouge 1965.

B. K. **Duncan**, Columbia Canal Hydroelectric Plant: Dreams of Water Travel Lead to Electricity, in: Hydro Review 9/96 (1996), 4-5.

P. **Dunsheath**, A History of Electrical Engineering, Faber & Faber, London 1962.

W. M. **Edwards**, Niagara Falls, in: National Geographic 4/1963 (1963), 574-587.

O. **Ellabban**, H. **Abu-Rub**, F. **Blaabjerg**, Renewable Energy Resources: Current Status, Future Prospects and Their Enabling Technology, in: Renewable and Sustainable Energy Reviews 39 (2014), 748-764.

C. E. **Emery**, The Relations of Electricity to Steam and Water-Power, in: Journal of the Franklin Institute 142 (1896), 165-186.

H. **Ford**, Today and Tomorrow, Doubleday Page, Garden City 1926.

C. **Freeland**, Snoqualmie Falls No. 1: World's First Underground Generating Station Celebrates Centennial, in: Hydro Review 11/98 (1998), 2-4.

E. **Fulton**, Fulton Hydro Station: Partners with the Oswego River Since 1884, in: Hydro Review 10/97 (1997), 2-4.

T. **Gibson**, B. **McGurty**, Hydro Hall of Fame: Borel: A Historical Powerhouse Overcomes Challenges, in: Hydro Review 10/2011 (2011), http://www.hydroworld.com/index/hydro-review-current-issue.html [5. 1. 2019].

J. **Giesecke**, G. **Förster**, Ausbau der Wasserkraft, Arbeitsbericht Nr. 13 des Projektes Klimaverträgliche Energieversorgung in Baden-Württemberg der Akademie für Technikfolgenabschätzung in Baden-Württemberg 1994.

J. **Giesecke**, E. **Mosonyi**, Wasserkraftanlagen – Planung, Bau und Betrieb, Springer Verlag, Heidelberg 2003.

P. **Gromosiak**, A Brief History of the Edward Dean Adams Power Plant, Niagara Museum, Niagara Falls 2006.

Ch. **Hocker**, Lower Pelzer: A First for Long-Distance Transmission, in: Hydro Review 10/97 (1997), 4-7.

T. P. **Hughes**, Networks of Power, Johns Hopkins University Press, Baltimore 1983.

M. **Hütte**, Ökologie und Wasserbau: Ökologische Grundlagen von Gewässerausbau und Wasserkraftnutzung, Parey, München 2000.

Ch. **Jehle**, Bau von Wasserkraftanlagen, VDE Verlag Müller, Heidelberg 2011.

P. **Jetzer**, Die Wasserkraft weltweit, Carlsen Verlag, Hamburg 2009.

M. **Josephson**, Edison, McGraw-Hill, New York 1959.

L. P. **Kellogg**, The Electric Light System at Appleton, in: Wisconsin Magazine of History 6 (1922-23), 189-194.

E. **Kleckner**, Vulcan Street Hydroelectric Station: World's First Hydroelectric Plant, in: Hydro Review 9/96 (1996), 2-3.

G. **Küffner** (Hrsg.), Von der Kraft des Wassers, Deutsche Verlags-Anstalt, München 2006.

J. H. **Kyle**, The Building of the TVA, Louisiana State University Press, Baton Rouge 1958.

M. **MacLaren**, The Rise of the Electrical Industry during the Nineteenth Century, Princeton University Press, Princeton 1943.

U. **Maniak**, Hydrologie und Wasserwirtschaft: Eine Einführung für Ingenieure, Springer-Verlag, Berlin 2010.

C. **Maxa**, D. A. **James**, Cycling Arizona: The Statewide Road Biking Guide, Big Earth Publishing, Albuquerque 2007.

T. B. **McLeish**, Bridge Mill Power Station: Linking the Industrial Revolution to Modern Technology, in: Hydro Review 9/96 (1996), 6-7.

A. **Neville**, Top Plants: Edison Sault Hydroelectric Plant Sault Ste. Marie, Michigan, in: Power 12/2009 (2009), https://www.powermag.com/top-plants-edison-sault-hydroelectric-plant-sault-ste-marie-michigan/ [5. 1. 2019].

A. **Nevins**, F. E. **Hill**, Ford - Expansion and Challenge 1915-1933, Charles Scribner's Son's, New York 1957.

M. **Owen**, The Tennessee Valley Authority, Praeger, New York 1973.

S. O. **Pálffy**, Wasserkraftanlagen, Klein- und Kleinstkraftwerke, expert-Verlag, Renningen-Malmsheim 2006.

J. **Parker**, L. **Parker**, The Cuero Hydroelectric Plant: A Maverick in Texas, in: Hydro Review 11/98 (1998), 6-7.

V. **Quaschning**, Regenerative Energiesysteme. Technologie – Berechnung – Simulation, Carl Hanser Verlag, München 2015.

Renewable Energy Policy Network for the 21st Century (REN), Renewables 2017: Global Status Report, REN21 Secretariat, Paris 2017.

T. **Schmidberger**, Das erste Wechselstromkraftwerk in Deutschland, Bad Reichenhall. Slavik, Marzoll 1984.

H. I. **Sharlin**, The Making of the Electrical Age, Abelard-Schuman, London 1963.

R. W. **Shortridge**, Some Early History of Hydroelectric Power, in: Hydro Review 6/88 (1988), 30-40.

N. **Smith**, The Origins of the Water Turbine, in: Scientific American 1 (1980), 138-148.

A. **Stowers**, Observations on the History of Water Power, in: Transactions of the Newcomen Society 30 (1955-57), 239-256.

R. **Sturm**, Geschichte der Hydroelektrizität im Raum Salzburg, disserta Verlag, Hamburg 2018.

Th. T. **Taylor**, Santa Ana River No. 1: A Pioneer in Hydro Generation, Power Transmission, in: Hydro Review 8/99 (1999), 1-4.

A. M. **Turner**, The Electrical Utilization of Water and Wind Power First Proposed by Nollet in 1840, in: Electrical World 4/19 (1892), 242.

B. **Uhrmeister**, N. **Reiff**, R. **Falters**, Rettet unsere Flüsse – Kritische Gedanken zur Wasserkraft, Pollner Verlag, Oberschleißheim 1999.

U.S. Department of Energy, Hydropower Vison: A New Chapter for America's 1st Renewable Electricity Source, U.S. Department of Commerce, Springfield 2016.

G. W. **VanDerzee**, Pioneering the Electrical Age, in: Wisconsin Magazine of History 41 (1957), 210-214.

C. **Warman**, The Giant Growth of the „Soo". Wonderful Industrial Plants Created by the Power Canals of Sault Ste. Marie, in: The American Monthly Review of Reviews XXVI (6) (1902), 689-693.

B. C. **Washington**, Jr., Water Power Electrical Plants in the United States, in: Journal of the Franklin Institute 148 (1899), 161-181.

Internetseiten

Website zu **A New Vision for United States Hydropower**: https://www.energy.gov/eere/water [5. 1. 2019]

Website zum **Ames Hydroelectric Generating Plant**: https://wikipedia.org/wiki/Ames_Hydroelectric_Generating_Plant [5. 1. 2019].

Website zum **Bull Run Hydroelectric Project**: https://wikipedia.org/wiki/Bull_Run_Hydroelectric_Project [5. 1. 2019].

Website zum **Bull's Bridge Hydroelectric Plant**: http://www.bullsbridge.com/Hydroelectric_Plant_Story.htm [5. 1. 2019].

Website zum **Edison Sault Hydroelectric Plant**: https://www.powermag.com/top-plants-edison-sault-hydroelectric-plant-sault-ste-marie-michigan/ [5. 1. 2019].

Website zum **Edward Dean Adams Power Plant**: https://de.wikipedia.org/wiki/Edward_Dean_Adams_Power_Plant [5. 1. 2019].

Website zu **Electric Power Monthly**: https://www.eia.gov/electricity/monthly [5. 1. 2019].

Website zum **Ellsworth Power House and Dam**: https://wikipedia.org/wiki/Ellsworth_Power_House_and_Dam [5. 1. 2019].

Website zum **Folsom Powerhouse State Historic Park**: https://wikipedia.org/wiki/Folsom_Powerhouse_State_Historic_Park [5. 1. 2019].

Website zur **Schoellkopf Power Station**: https://wikipedia.org/wiki/Schoellkopf_Power_Station [5. 1. 2019].

Website zur **Hydroelectric Power in the United States**: https://en.wikipedia.org/wiki/Hydroelectric_power_in_the_United_States [5. 1. 2019].

Bildnachweis

Abb. 1: Robert Sturm
Abb. 2: Robert Sturm
Abb. 3: Robert Sturm
Abb. 4: Robert Sturm
Abb. 5: Robert Sturm
Abb. 6: http://weenergies.blogspot.com/2013/09/vulcan-street-plant-became-first.html [5. 1. 2019]
Abb. 7: http://www.authenticwisconsin.com/images/vulcan_drawing_2.jpg [5. 1. 2019]
Abb. 8: https://picryl.com/media/photograph-of-wilson-dam-construction-301564 [5. 1. 2019]
Abb. 9: https://infograph.venngage.com/p/75037/tva [5. 1. 2019]
Abb. 10: CC BY-SA 3.0, https://commons.wikimedia.org/w/index.php?curid=526883 [5. 1. 2019]
Abb. 11: https://www.smithsonianmag.com/history/grand-coulee-powers-75-years-after-its-first-surge-electricity-180958524/ [5. 1. 2019]
Abb. 12: Robert Sturm
Abb. 13: Robert Sturm
Abb. 14: Robert Sturm
Abb. 15: https://www.mainememory.net/artifact/82322 [5. 1. 2019]
Abb. 16: https://maineanencyclopedia.com/ellsworth/ [5. 1. 2019]
Abb. 17: https://www.flickr.com/photos/kevystew/41032260125 [5. 1. 2019]
Abb. 18: https://www.flickr.com/photos/kevystew/41032256315 [5. 1. 2019]
Abb. 19: https://commons.wikimedia.org/w/index.php?curid=11161221 [5. 1. 2019]
Abb. 20: https://commons.wikimedia.org/w/index.php?curid=44555005 [5. 1. 2019]
Abb. 21: https://magazine.ieee-pes.org/wp-content/uploads/sites/50/2012/11/histo02-2212076.jpg [5. 1. 2019]
Abb. 22: By Jerrye & Roy Klotz, MD - Own work, CC BY-SA 4.0, https://commons.wikimedia.org/w/index.php?curid=34096912/virtual_exhibits/wheels_of_power/images_files/schoellkopf_plant.htm, Public Domain, https://commons.wikimedia.org/w/index.php?curid=44555005 [5. 1. 2019]
Abb. 23: https://commons.wikimedia.org/w/index.php?curid=3287807 [5. 1. 2019]
Abb. 24: https://commons.wikimedia.org/w/index.php?curid=34551210 [5. 1. 2019]
Abb. 25: https://commons.wikimedia.org/w/index.php?curid=31360461 [5. 1. 12019]
Abb. 26: https://commons.wikimedia.org/w/index.php?curid=31360493 [5. 1. 2019]
Abb. 27: https://commons.wikimedia.org/w/index.php?curid=73332409 [5. 1. 2019]
Abb. 28: https://www.nfei.com/LowerPelzer/1606_HydroHallofFame.pdf [5. 1. 2019]
Abb. 29: https://www.nfei.com/LowerPelzer/1606_HydroHallofFame.pdf [5. 1. 2019]
Abb. 30: http://www.oswegocountynewsnow.com/news/revamped-fulton-hydro-units-back-online/article_36dc32ca-5ecf-11e8-a3be-fb3da2cd448e.html [5. 1. 2019]
Abb. 31: https://commons.wikimedia.org/w/index.php?curid=35082389 [5. 1. 2019]
Abb. 32: https://commons.wikimedia.org/w/index.php?curid=35082193 [5. 1. 2019]
Abb. 33: http://edisontechcenter.org/Mechanicville.html [5. 1. 2019]
Abb. 34: http://edisontechcenter.org/Mechanicville.html [5. 1. 2019]
Abb. 35: http://edisontechcenter.org/Mechanicville.html [5. 1. 2019]

Abb. 36: http://edisontechcenter.org/Mechanicville.html [5. 1. 2019]
Abb. 37: https://www.hydroworld.com/content/dam/hydroworld/site-images/1506_Hallof Fame.pdf [5. 1. 2019]
Abb. 38: https://www.hydroworld.com/content/dam/hydroworld/site-images/1506_Hallof Fame.pdf [5. 1. 2019]
Abb. 39: https://www.hydroworld.com/content/dam/hydroworld/site-images/1506_Hallof Fame.pdf [5. 1. 2019]
Abb. 40: http://www.bullsbridge.com/Kent_Stories.htm [5. 1. 2019]
Abb. 41: http://www.bullsbridge.com/ [5. 1. 2019]
Abb. 42: https://www.firstlightpower.com/wp-content/uploads/2019/03/Bulls-Bridge.png [5. 1. 2019]
Abb. 43: https://commons.wikimedia.org/w/index.php?curid=16319277 [5. 1. 2019]
Abb. 44: By Chris857 - Own work, CC BY-SA 3.0, https://commons.wikimedia.org/w/index.php?curid=18909048 [5. 1. 2019]
Abb. 45: https://cloverland.com/wp-content/uploads/2015/03/our_history1.pdf [5. 1. 2019]
Abb. 46: https://cloverland.com/wp-content/uploads/2015/03/our_history1.pdf [5. 1. 2019]
Abb. 47: https://cloverland.com/wp-content/uploads/2015/03/our_history1.pdf [5. 1. 2019]
Abb. 48: https://cloverland.com/wp-content/uploads/2015/03/our_history1.pdf [5. 1. 2019]
Abb. 49: http://www.authenticwisconsin.com/appleton.html [5. 1. 2019]
Abb. 50: http://wisconsinconfidential.blogspot.com/2012/12/alternative-power-that-is-not-new.html [5. 1. 2019]
Abb. 51: http://scpublicradio.org/sites/wltr/files/styles/x_large/public/201708/HPPlant02.jpg [5. 1. 2019]
Abb. 52: https://www.loc.gov/resource/hhh.sc0759.photos/?sp=17 [5. 1. 2019}
Abb. 53: https://www.loc.gov/resource/hhh.sc0759.photos/?sp=20 [5. 1. 2019}
Abb. 54: https://www.loc.gov/resource/hhh.sc0759.photos/?sp=27 [5. 1. 2019}
Abb. 55: https://www.loc.gov/resource/hhh.sc0759.photos/?sp=25 [5. 1. 2019}
Abb. 56: https://www.nfei.com/LowerPelzer/1606_HydroHallofFame.pdf [5. 1. 2019]
Abb. 57: https://www.nfei.com/Pelzer.html [5. 1. 2019]
Abb. 58: https://www.nfei.com/Pelzer.html [5. 1. 2019]
Abb. 59: https://www.nfei.com/Pelzer.html [5. 1. 2019]
Abb. 60: https://www.nfei.com/Pelzer.html [5. 1. 2019]
Abb. 61: https://www.nfei.com/Pelzer.html [5. 1. 2019]
Abb. 62: https://www.hydroworld.com/content/dam/hydroworld/site-images/1706_Hallof Fame.pdf [5. 1. 2019]
Abb. 63: https://www.hydroworld.com/content/dam/hydroworld/site-images/1706_Hallof Fame.pdf [5. 1. 2019]
Abb. 64: https://teslauniverse.com/nikola-tesla/images/ames-hydroelectric-generating-plant-near-telluride-colorado [5. 1. 2019]
Abb. 65: https://commons.wikimedia.org/w/index.php?curid=39026897 [5. 1. 2019]
Abb. 66: https://commons.wikimedia.org/w/index.php?curid=16213654 [5. 1. 2019]
Abb. 67: https://commons.wikimedia.org/w/index.php?curid=7926827 [5. 1. 2019]
Abb. 68: Von Pechristener - Eigenes Werk, CC BY-SA 3.0, https://commons.wikimedia.org/w/index.php?curid=29202766 [5. 1. 2019]
Abb. 69: By Pechristener - Own work, CC BY-SA 3.0, https://commons.wikimedia.org/w/index.php?curid=29204860 [5.1. 2019]
Abb. 70: https://commons.wikimedia.org/w/index.php?curid=31387990 [5. 1. 2019]
Abb. 71: https://commons.wikimedia.org/w/index.php?curid=34484799 [5. 1. 2019]

Abb. 72: https://www.blackdiamondnow.net/black-diamond-now/2012/04/snoqualmie-falls-then-now.html [5. 1. 2019]

Abb. 73: https://sites.coloradocollege.edu/indigenoustraditions/sacred-lands/snoqualmie-falls-sacred-grounds-transformed-by-the-power-of-technology/ [5. 1. 2019]

Abb. 74: https://www.hydroworld.com/content/dam/hydroworld/site-images/1706_Hall ofFame.pdf [5. 1. 2019]

Abb. 75: https://picryl.com/media/snoqualmie-falls-hydroelectric-project-plant-two-po werhouse-5-mile-north-of-2 [5. 1. 2019]

Abb. 76: https://picryl.com/media/snoqualmie-falls-hydroelectric-project-plant-two-po werhouse-5-mile-north-of-3 [5. 1. 2019]

Abb. 77: By Joe Mabel, CC BY 3.0, https://commons.wikimedia.org/w/index.php?curid= 37818939 [5. 1. 2019]

Abb. 78: https://commons.wikimedia.org/w/index.php?curid=1805139 [5. 1. 2019]

Abb. 79: By EncMstr stitched by Marku1988This image was created with Hugin., CC BY-SA 3.0, https://commons.wikimedia.org/w/index.php?curid=3732241 [5. 1. 2019]

Abb. 80: http://www.offbeatoregon.com/1201a-oregon-city-home-of-worlds-first-power-grid.html [5. 1. 2019]

Abb. 81: http://www.offbeatoregon.com/1201a-oregon-city-home-of-worlds-first-power-grid.html [5. 1. 2019]

Abb. 82: https://alchetron.com/Bull-Run-Hydroelectric-Project [5. 1. 2019]

Abb. 83: https://www.oregonlive.com/gresham/2012/12/the_century-old_bull_run_power. html [5. 1. 2019]

Abb. 84: http://wikimapia.org/13543125/Bull-Run-Hydroelectric-Project-Powerhouse#/ photo/2351904 [5. 1. 2019]

Abb. 85: https://www.oregonlive.com/gresham/2012/12/the_century-old_bull_run_power. html [5. 1. 2019]

Abb. 86: https://edisontechcenter.org/Folsom.htm [5. 1. 2019]

Abb. 87: https://edisontechcenter.org/Folsom.htm [5. 1. 2019]

Abb. 88: https://edisontechcenter.org/Folsom.htm [5. 1. 2019]

Abb. 89: https://edisontechcenter.org/Folsom.htm [5. 1. 2019]

Abb. 90: https://www.hydroworld.com/articles/hr/print/volume-30/issue-7/articles/hydro-hall-of-fame-borel-a-historical-powerhouse-overcomes-challenges.html [5. 1. 2019]

Abb. 91: https://calisphere.org/item/ark:/13030/kt409nd30q/ [5. 1. 2019]

Abb. 92: https://hdl.huntington.org/digital/collection/p16003coll2/id/12712 [5. 1. 2019]

Abb. 93: https://www.hydroworld.com/articles/hr/print/volume-30/issue-7/articles/hydro-hall-of-fame-borel-a-historical-powerhouse-overcomes-challenges.html [5. 1. 2019]

Abb. 94: https://www.hydroworld.com/articles/hr/print/volume-30/issue-7/articles/hydro-hall-of-fame-borel-a-historical-powerhouse-overcomes-challenges.html [5. 1. 2019]

Abb. 95: https://picryl.com/media/santa-ana-river-hydroelectric-system-sar-3-forebay-and-penstock-redlands-san-2[5. 1. 2019]

Abb. 96: https://www.hydroworld.com/content/dam/hydroworld/site-images/1805_Hallof Fame.pdf [5. 1. 2019]

Abb. 97: https://www.hydroworld.com/content/dam/hydroworld/site-images/1805_Hallof Fame.pdf [5. 1. 2019]